设计师手稿系列

服饰绘

女装款式设计1288例

宋　晴◎著

中国纺织出版社有限公司

内 容 提 要

本书详细展示了进行女装款式设计的设计思路与运用，并配有大量的运用方法及单品款式设计案例。无论是对于服装设计专业的学生，还是服装设计从业人员，或者是任何希望从事与服装设计有关的人士，本书都是一本实用性较强的参考资料。读者可以按照阅读需求进行选择。无论读者选择于何处展开阅读，都可以获得女装款式设计领域的大量信息。

图书在版编目（CIP）数据

服饰绘：女装款式设计1288例 / 宋晴著 . -- 北京：中国纺织出版社有限公司，2021.6

（设计师手稿系列）

ISBN 978-7-5180-8423-4

Ⅰ.①服… Ⅱ.①宋… Ⅲ.①女服－服装设计－图集 Ⅳ.① TS941.717-64

中国版本图书馆 CIP 数据核字（2021）第 046303 号

策划编辑：孙成成　　责任编辑：谢婉津
责任校对：江思飞　　责任印制：王艳丽

中国纺织出版社有限公司出版发行
地址：北京市朝阳区百子湾东里 A407 号楼　邮政编码：100124
销售电话：010—67004422　传真：010—87155801
http://www.c-textilep.com
中国纺织出版社天猫旗舰店
官方微博 http://weibo.com/2119887771
北京通天印刷有限责任公司印刷　各地新华书店经销
2021 年 6 月第 1 版第 1 次印刷
开本：787 × 1092　1/16　印张：14
字数：200 千字　定价：49.80 元

凡购本书，如有缺页、倒页、脱页，由本社图书营销中心调换

前言
PREFACE

女装设计是服装设计中历史悠久、具有潜力的一个领域，它因多变的服装款式一直是服装设计中的主流。可以预见，未来女装设计的激烈竞争仍将继续。

女装的款式设计在女装设计的构成要素中起着非常重要的作用。随着生活品质的提高，人们的时尚品位越来越个性化、特色化、创新化。除了使衣服满足实用需要外，人们还通过款式上的细节不同来满足更高层次的精神文化需求以及消费者的心理。所以，女装款式设计中设计要素以及设计方法等都能为我们的生活提供更多的选择。

本书以女装的款式设计为研究对象，通过对大量的单品款式设计案例进行分析，全面介绍了女装设计的构成要素及设计方法。

希望本书能够为从事与服装设计相关的人士提供理论依据，并使相关的设计更加完善，为更多优秀的女装款式设计的涌现提供可能。

本书是一本女装款式设计的实用性教材，编写过程中力求全面、系统准确且有针对性，但由于作者水平有限以及时间仓促等原因，书中存在诸多不足，敬请广大读者和同行给予指正。

目录
CONTENTS

第一章

1 女装构成要素与细节设计

第一节 女装构成要素

对于一款设计完整的服装而言，构成要素主要有款式、面料、色彩、图案、结构等方面。进行女装设计，我们可以以构成要素为切入点。如图1-1路易·威登（Louis Vuitton）的作品，分别以图案、细节（裤身）、面料为设计的突破点来表达主题思想；又如图1-2作品，具有结构性的廓型与剪裁，是这场秀的创意所在，真正推动时尚向前发展的设计，包括真实的和暗示的。

图1-1 路易·威登（Louis Vuitton）2020秋冬巴黎成衣

图1-2 具有结构性的廓型与剪裁

一 款式

款式是一款服装造型的主要考虑点，包括服装廓型、零部件（衣领、衣袖、门襟、口袋等）、细节元素等，这也是本书讨论的重点问题。只讲款式这个问题的话，我们可以抛开色彩、面料去理解，如图1-3~图1-10中的作品，因廓型、领型、细节元素等的不同，服装款式也传达出不一样的视觉效果。

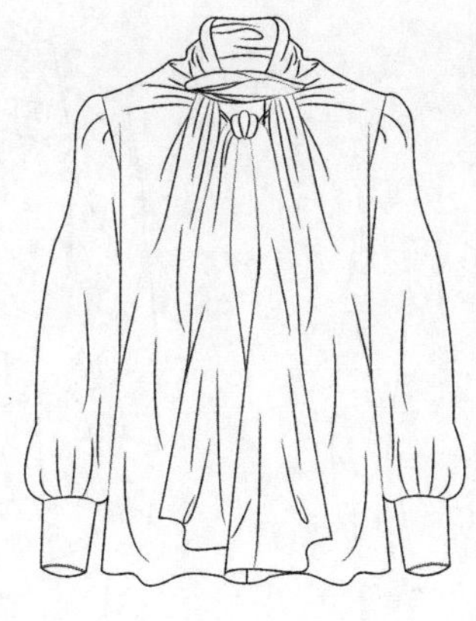

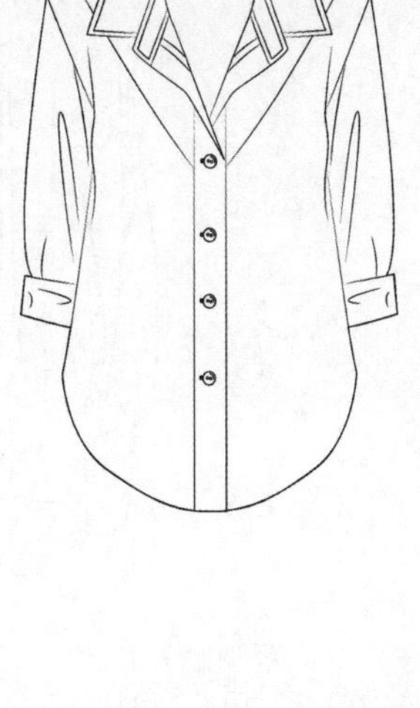

图1-3 衬衫服装款式范例1

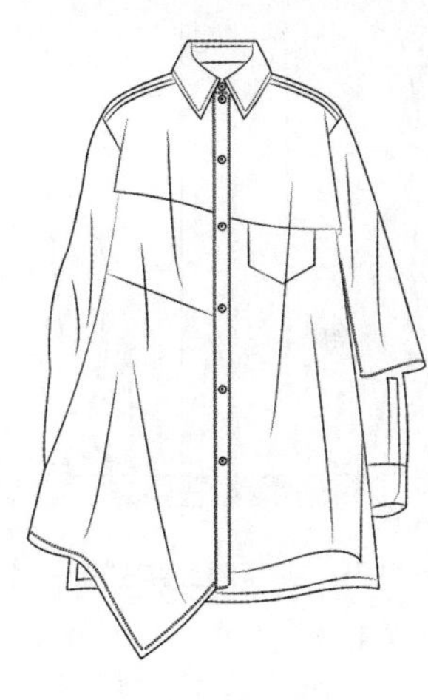

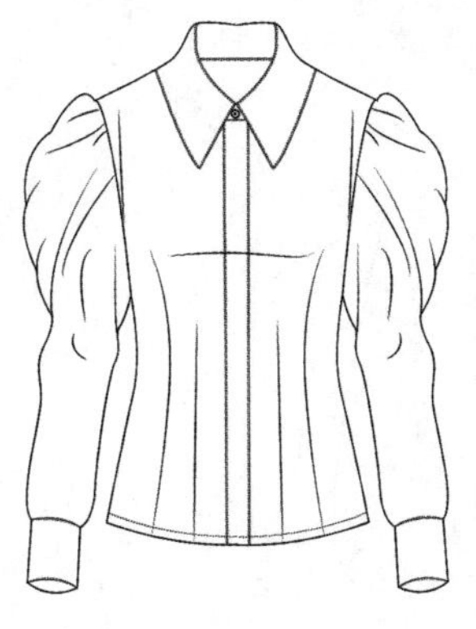

图1-4 衬衫服装款式范例2

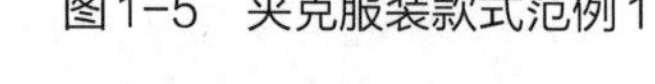

图1-5　夹克服装款式范例1

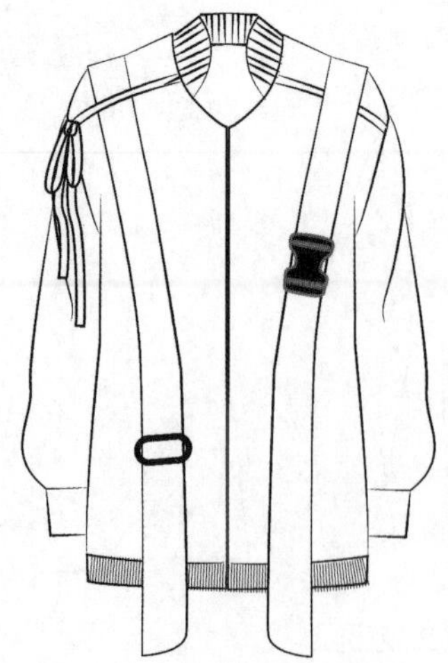

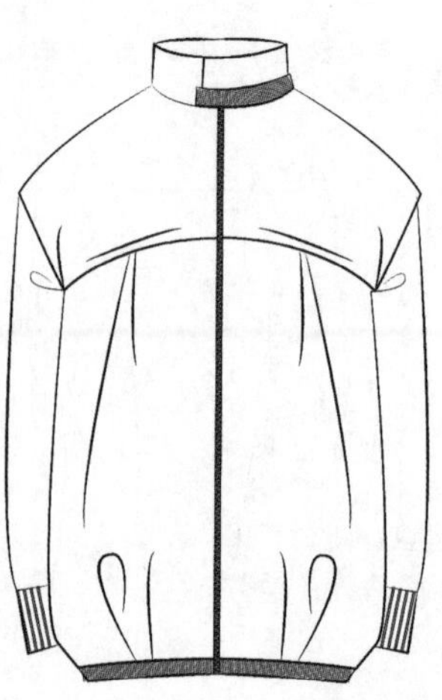

图1-6　夹克服装款式范例2

图1-7　半身裙服装款式范例1

图1-8　半身裙服装款式范例2

图1-9　连衣裙服装款式范例1

图1-10　连衣裙服装款式范例2

二 面料

众所周知，面料是服装款式、细节等视觉元素的载体。人们对服装的需求不仅关注它看上去怎么样，更关注它摸上去如何。在现代服装设计中，许多设计师已开始注重面料的二次开发，以寻求设计的更多可能性，如采用同花色不同质感的面料重组，哑光材质与亮面的重组等，如图1-11（a），还有设计师不满足现有面料所表达的视觉效果，对其进行二次设计后再使用，如图1-11（b），总之，面料是服装构成中不可缺少的一部分。

三 色彩

色彩在一定程度上完善、影响着服装款式设计的完整性。明亮的红色、活力四射的黄色、鲜艳的黄绿色和清凉的水蓝色，变化微妙且丰富。不同的色彩，表达不同的情感。欢快的黄色可以让人无拘无束地感受每一个陌生的地方，给人一种愉快、有活力的气息，随时随地感受跳跃的气息，青春动感，活力十足；烈焰红色抛开一切束缚，自由翱翔；深青苔色，这种绿色既像蓝又像绿，是在池塘中提取的颜色，深绿泛乌有光泽，气质一等，明度较低，具有稳定、厚重的色彩感。

在女装款式设计色彩搭配环节，设计师们往往采用借鉴素材的手法，通过提炼素材

(a)

(b)

图1-11　服装中面料的应用

的色彩关系、运用色彩配比，从而达到服装整体设计的与众不同。如图1-12（a）作品中的色彩搭配关系，就是提炼于素材中［图1-12（b）］的岩石色彩。运用色彩原理进

(a)

（b）

图1-12　色彩的提炼和运用

行服装色彩搭配，也是通过色彩表达服装创意的一个有效途径，色彩原理包含色相、明度、纯度、面积、冷暖等，如图1-13的作品，通过色彩面积大小、位置关系，吸引人们的眼球。

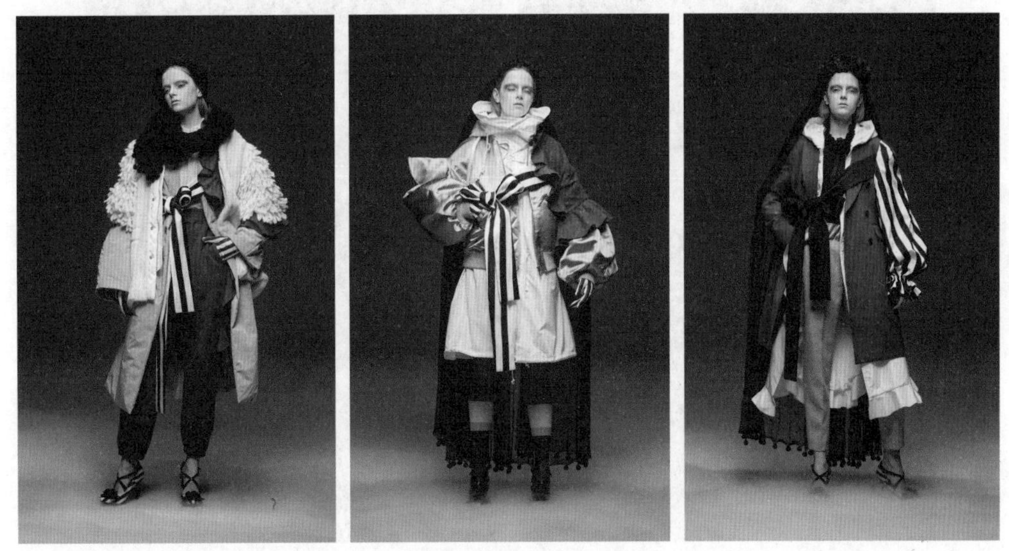

图1-13　通过色彩吸引人的服装设计

第二节　女装款式细节设计

细节是进行女装设计重要的突破点，女装款式细节设计包括诸多方面，如衣领、衣袖、门襟、口袋、廓型等。

一 衣领

衣领是覆合于人体颈部的服装零部件，对颈部起保护作用，同时，具有突显颈部美感、修饰脸型的装饰作用。衣领处在人们视觉范围内的敏感部位，是女装上衣设计的重点。

衣领的类型有很多，一般分为无领、立领、翻领、翻驳领四类。

1. 无领

无领，是一种没有领身，只有领圈线的领型。无领主要包括一字领、V字领、圆领、方领等，结构比较简单，但不同的领圈形状、装饰、工艺等，对女装造型的视觉效果影响却很大（图1-14）。

图1-14　无领的女装造型

无领设计思路：

（1）领圈线的形态。可有宽度、深度、形状以及角度上的变化。

（2）领圈装饰。可有贴边、绣花、镂空、拼色、加褶等手法。

（3）领圈开衩。领圈开衩一般都是功能需要。领圈比较大的领型，可以没有开衩设计，若领圈较小且面料没有弹性，则必须设置开衩，以便服装穿脱。所以开衩也可以是无领设计的一个方面，如开衩的形态、制作工艺等。

领子是服装款式设计中的关键部分，在形式上，有着衬托脸型和突出款式特点的作用。领型因款式不同给人的视觉效果也不同。以下作品（图1–15）展示的是以无领为设计重点的女上装，无领是衣领中较为简单的一款领型，很多人认为可设计的空间不大，其实不然，如果我们在进行无领设计时，按照构成理念去分析，就可以设计出变化多端的无领款式。另外，无领的推陈出新也常常需要在其细微处进行变化，像领子的花边、镶边、刺绣图案装饰等。

图1–15　无领款女上装设计范例

图1–16　立领的女装造型

2. 立领

立领，是指衣领呈直立状态的领型，防风保暖的功能极强（图1–16）。

立领设计思路：

（1）领底线变化。立领的领底线，即为领片与衣身领窝缝合的下缘线。一般情况下，领窝弧线与领底弧线是吻合的，领底线的变化是由领窝弧线的变化所引导的，所以，领底线造型的状态更多的是受领窝弧线的状态所决定的。相对于围绕脖根围的基础领窝弧线来说，变化领窝弧线可以有加宽、加深、改变形态等几个方面。

（2）领面造型变化。领面是立领的主体，变化空间也较大。首先，可以改变领面外口线的形状，比如弧线型、直线型、折线型、不对称型、不规则型等；其次，还可以改变领面的形态，比如增加高度、平面与立体、直立状态。

（3）开口。立领造型，为了穿脱方便，常常会在前中或其他部位进行开口设计，开口的位置及造型也是立领设计的一个重要元素。开口位置可在侧、后、前等围绕颈部的任何位置，开口的扣合形式有不扣合、拉链、扣子、系带扣合等方式。

图1–17展示的是以立领为设计重点的女上装，该作品的设计向我们提供了立领设计的种种可能。

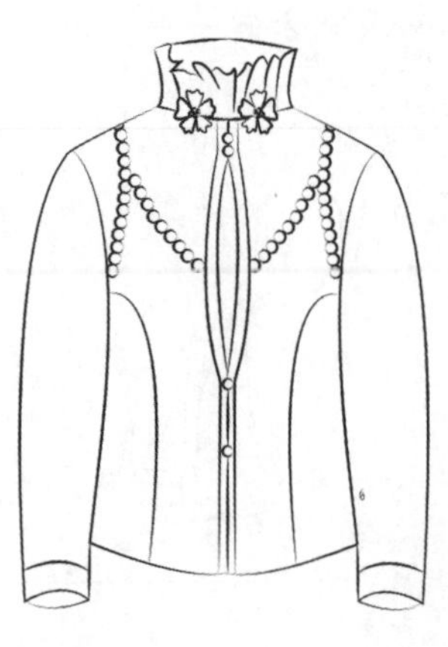

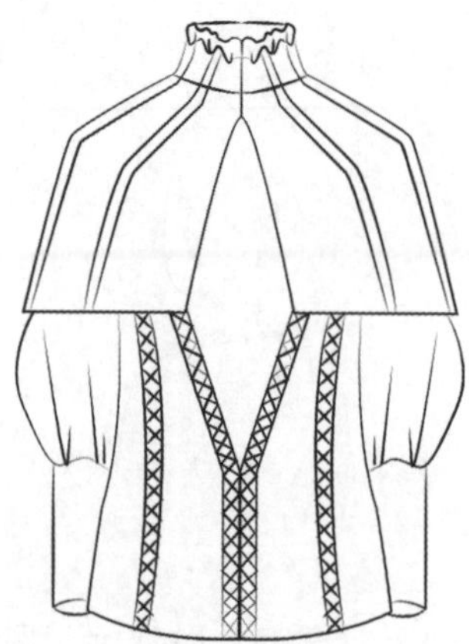

图1-17　立领款女上装设计范例

3. 翻领

翻领，是围绕于颈部，领面向外翻折的衣领设计（图1-18）。翻领的应用较为广泛，可以用于四季服装设计中。具有代表性的是衬衫领。

图1-18　翻领的女装造型

翻领设计思路：

（1）领口变化。翻领的领口造型是由底领的外口线和翻领的领底线共同决定的。领口造型可以在横向、纵向、形状等方面进行变化设计。比如横向开口比较大的一字形翻领、纵向开口比较深的V形翻领，还有U形翻领、圆形翻领等。

（2）翻领领面变化。翻领的领面是翻领设计造型的主要设计点，可以变宽、变窄、变大、变形状、变数量以及对称与否等。

（3）开口变化。有前开、侧开、后开等位置的变化，还有系扣、拉链、系带等不同扣合方式的设计与选择。

图1-19展示的是以翻领为设计重点的女上装，这让我们看到翻领设计的更多设计空间。

图1-19　翻领款女上装设计范例

4. 翻驳领

翻驳领，是带有翻领和驳头的一类领型，也常常叫作西装领。翻驳领是一种开放型衣领，通风、透气，应用范围较广（图1-20）。

图1-20 翻驳领的女装造型

翻驳领设计思路：

（1）翻领设计。翻驳领的翻领造型设计思路可以参考翻领的设计思路。

（2）驳头设计。可加宽、变窄、拉长、改变外形，可与领面连接，也可以不连接，还可以增加驳头数量、改变串口线的位置等。

（3）翻折点设计。也叫驳口点，其位置决定了翻驳领的领深。翻折点的设计，垂直位置最高可以高出颈侧点，最低可以低于服装的下摆线，水平位置可以在衣身的任意位置，所以翻折点的设计非常灵活。

（4）串口线设计。串口线是翻领与驳头连接的一条共用的造型线，其位置、角度、长短等都是翻驳领设计可选择的因素。

如果没有串口线，即翻领与驳头完全连在一起，习惯上称为青果领，其设计思路可以参考前三条。

图1-21展示的是以翻驳领为设计重点的女上装，通过以下作品我们可以看到翻驳领设计的基本思路与方法的运用。

图1-21　翻驳领款女上装设计范例

二 衣袖

衣袖是上装中面积较大的构成要素，衣袖的造型变化，对上装的整体造型具有较大的影响。以衣袖为突破点，进行设计，同样要了解与把握衣袖设计的基本思路与方法。

1. 无袖

无袖的造型，在服装上是由袖窿弧线来体现的，所以袖窿弧线的造型即为无袖的造型（图1-22）。

图1-22　无袖的女装造型

无袖设计思路：

（1）改变基础袖窿弧线的位置、形状。基础袖窿弧线是围绕臂根围，从肩峰处露出整个手臂的造型。改变袖窿弧线的位置与形状，可以呈现出造型各异的无袖造型。

（2）根据衣领或者衣身设计，形成无袖的有设计感的袖窿线。

无袖是四大袖型中构成最为简单的衣袖形式，也是变化设计最难的一款袖型。诸多设计师在设计女上装时，一般沿用基础无袖构成，其实，我们也可以对无袖进行设计变化。图1-23向我们展示了无袖设计的更多可能性，通过以下设计案例，希望能给予设计者以启发。

图1-23

图1-23 无袖款女装设计范例

2. 装袖

装袖，是根据人体肩部与手臂的结构关系设计的，是最符合肩部造型的合体袖型，最具有立体感，由袖窿、袖山、袖身、袖口构成。装袖是袖子设计中应用最广泛的，同时也是设计空间最大的袖型。

装袖设计思路：

（1）袖口设计。袖口是袖身下口的边沿部位，可以从袖口的大小、位置、造型、工艺、装饰等几个方面进行设计。

（2）袖身设计。袖身是袖子包裹手臂的主体部分，可以从袖身的廓型、分割造型、装饰手法等几个方面进行设计。

（3）袖山设计。从衣袖造型上来说，袖山指包括袖山弧线、袖窿弧线在内的衣袖包裹肩头的部分。在袖山造型中，袖山弧线与袖窿弧线是一种对位关系，相互制约、相互补充，所以在袖山的设计上，可以通过改变袖窿弧线与袖山弧线的位置与形态、附加装饰、工艺处理等，从而塑造出不一样的袖山造型。

装袖是女上装使用频率较高的袖型。装袖功能性极强，方便活动。图1-24设计作品展示的是以装袖为设计重点的女上装，通过以下作品，我们可以从中解读出装袖的设计思路，希望能够为设计者提供借鉴与思路。

图1-24

图1-24　装袖款女装设计范例

图1–25 插肩袖的女装造型

3. 插肩袖

插肩袖，是衣袖与衣身部分相连的一种袖型，常用于休闲外套、大衣、针织服装中。其标志性符号就是插肩线，这也是插肩袖设计的重点之一，袖口与袖身的设计类同于装袖。如图1–25所示，分别将插肩线移位于前中线与侧缝线，产生极具新意的插肩袖造型。

插肩袖可以掩饰肩膀的宽阔感，较适合肩膀平、阔的女性。插肩袖如同装袖一样，功能性极强，在女上装设计中应用的也较多，适合一年四季的服装款式运用。图1–26展示的是以插肩袖为设计重点的女上装，向我们呈现了插肩袖设计的广阔空间。可见，在袖子的各个部位添加细节变化，往往能够设计出带有趣味性的新颖袖型。

图1-26

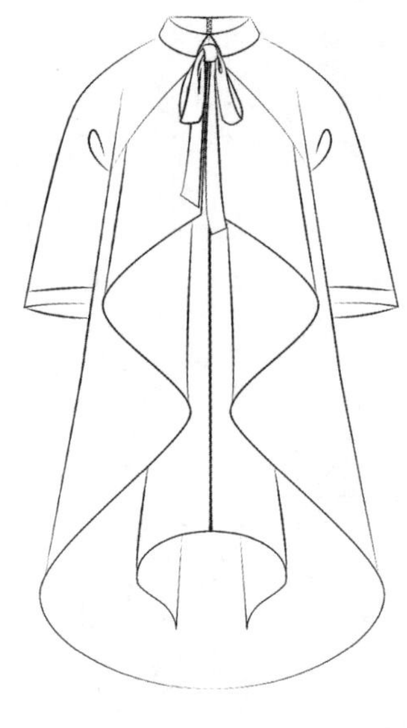

图1-26　插肩袖款女装设计范例

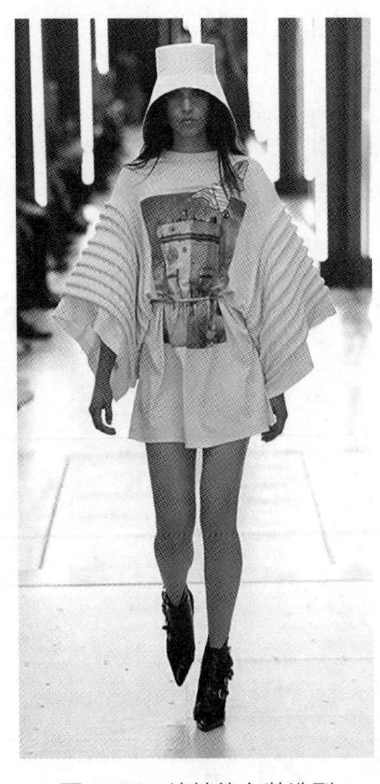

图1-27　连袖的女装造型

4. 连袖

连袖，指衣袖与衣身相连的袖型，是中式服装常用的衣袖形式。由于连袖的造型弱化了衣袖与衣身的结构关系，一般较为宽松，在连袖设计中，受人体运动的制约较小，所以设计空间较为自由与广泛，如图1-27所示。

连袖设计思路：

（1）改变袖口大小、造型等。

（2）改变衣袖的廓型等。

连袖作为我国古代最有代表性的一款袖型，较适合东方女性选择，典雅、委婉。掌握了一定的设计思路与方法之后，我们就可以进行款式设计。虽然，我们设计女上装时，设计重点可以不是连袖款式，但是如果我们掌握连袖款式设计的思路与方法，定能为我们的设计锦上添花。图1-28展示的是以连袖为设计重点的女上装，从中我们可以看到连袖设计变化的空间还是很大的。当我们较好地运用设计思路与方法时，就可以设计出意想不到的款式。

图1-28 连袖款女装设计范例

三 门襟

门襟通常是指上装或者裤子、裙子朝前正中的开襟或开缝、开衩部位，但在现代设计

图1–29　门襟的设计

中对位置的要求并不绝对。通常门襟处是要装拉链、纽扣、魔术贴等。门襟有全门襟和半门襟的两种，通常衬衫、夹克衫、西服、大衣等都是全门襟，T恤衫、裤子、裙子等都是半门襟。从工艺上来分，门襟分为明门襟、暗门襟、假门襟。

门襟设计思路与方法很多，比如改变门襟的位置、形态、数量，改变纽扣的数量、形态、排列方式、门襟的扣合方式等，如图1–29所示。

图1–30作品以门襟为设计切入点，较好地向我们展示了创意门襟设计的思路，打破了基础门襟的单调，拓展了款式设计空间，比较值得借鉴与品味。门襟设计通常是女上装设计的难点，因为诸多人认为门襟受到版型、工艺的限制，或者认为太简单，没必要进行设计。其实不然，通过门襟的变化设计，我们可以得到更多款型，是值得推崇的。

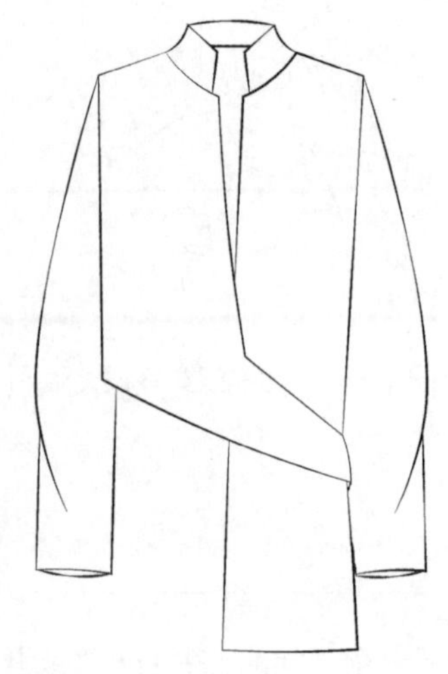

图1-30

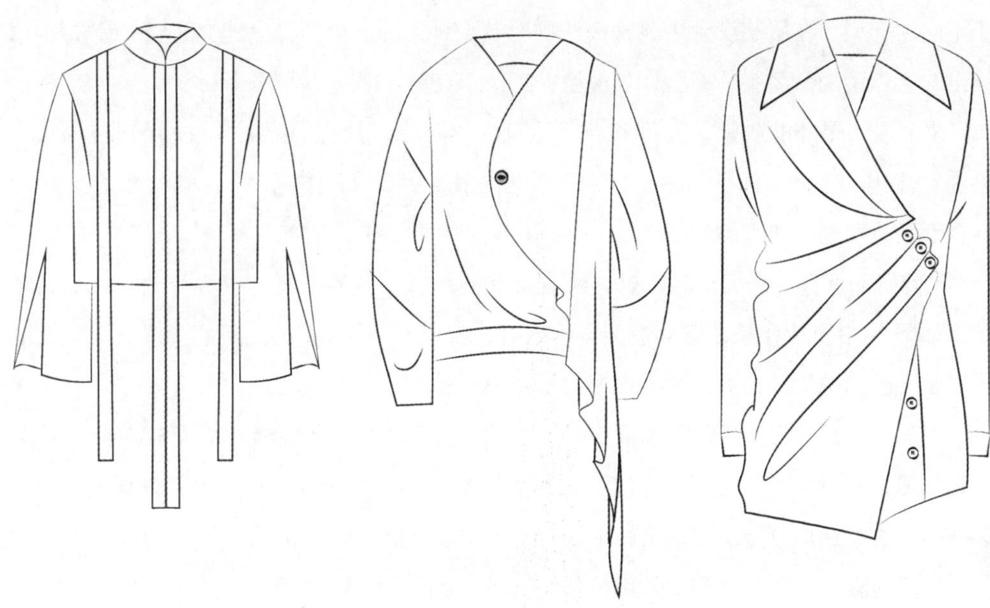

图1-30　创意门襟款女装设计范例

四 口袋

口袋是服装上的重要构成要素，亦可作为服装款式设计的突破点。进行口袋设计我们可以考虑口袋自身的造型、口袋类别、口袋与衣身的结合关系等方面。如图1-31中，德里克·林（Derek Lam）对袋盖进行了突破，亚历山大·王（Alexander Wang）将口袋融入了衣身的结构设计中，从而使作品具有了新意。

（a）德里克·林 2013秋冬作品

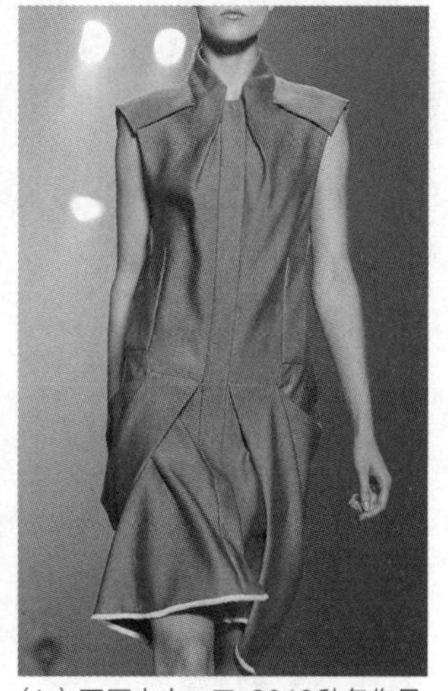

（b）亚历山大·王 2013秋冬作品

图1-31　口袋的设计

五 廓型

服装廓型是以人体为依托而形成的，因其对身体部位强调和掩盖的程度不同，形成了不同的廓型。在服装设计中，常以法国时装设计大师克里斯汀·迪奥（Christian Dior）推出的字母型来命名服装廓型，如X型、T型、O型，H型、V型等。

X型强调腰部的收紧，与肩和臀部造型形成对比，具有明显的女性身体曲线特征，给人女性化、含蓄、优雅的感受，X型广泛应用于女装设计中,如图1-32所示迪奥2019春夏女装，廓型为典型的X型。

T型肩部平直，由肩至腰、臀、下摆部呈直线状，具有坚定、权势、独立、平稳之感，如图1-33所示作品，肩部造型宽阔平直，表现出一种T型的力量感，线条平直，给予服装强烈的视觉冲击力，权威而又内涵丰富，体现出大女人的形象。

O型的主要特征，通常是溜肩设计，不收腰并且多夸大腰部围度，下摆略收，整个外形呈弧线状，饱满、圆润、充实、柔和，如图1-34 Louis Vuitton 2019春夏高级成衣时装作品，廓型运用O型，传达出轻松、舒适的着装状态。

H型的服装，肩、腰和臀的围度接近一致，不收腰、不放摆，掩盖了人体腰身的曲线特点，整体呈现顺直、流畅的造型，给人修长、肯定、庄严、舒展的视觉感受。

V型上宽下窄，横向夸张肩部，由肩至腰、臀、下摆部缓慢收紧，个性鲜明，锋利、运动感强，常用于男装以及夸张肩部设计的时尚女装中。如图1-35作品体现出V型的扩张与收缩。

图1-32　X型女装

图1-33　T型女装

Y型同V型在造型上的相同之处为肩部的横向扩张，不同的是Y型从胸、腰、臀至下摆部，呈H型，个性鲜明，修长、有张力、耐人寻味，常应用于时尚女装、创意女装设计中。

A型与V型在造型特征上正好相反，肩或胸部合体，由此向下，至下摆逐渐打开，形如字母A，稳定、活泼、锐利、崇高。

廓型是服装造型的基础，廓型的塑造，直接影响

图1-34　O型女装

图1-35　V型女装

着服装的整体视觉效果。所以，以廓型为突破点，是服装款式设计的有效途径，女装款式设计亦然。

图1-36展示的是以廓型为设计重点的女上装设计。

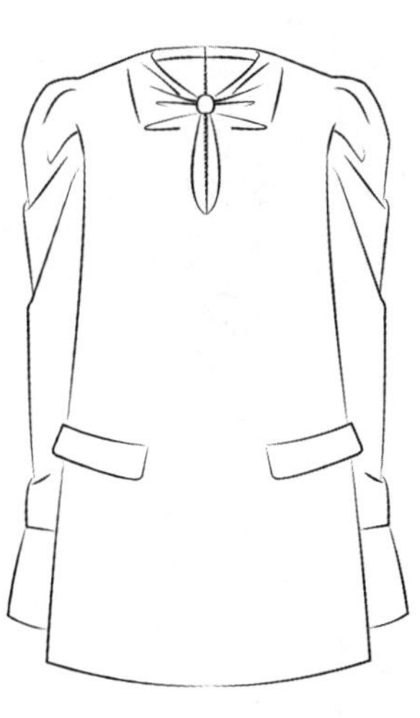

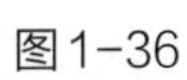
图1-36

图1-36

图1-36　廓型款女装设计范例

服装细节除了以上提到的，还包括下摆、设计元素等，比如褶裥、分割线等，配饰比如腰带、扣襻、装饰等，这些细节也可以作为服装款式设计的切入点，来表达设计意图与款式的设计点。

进行女装款式设计时，可以只侧重一个方面，如口袋、袖口、门襟等部位，做少即是多的创意，也可以几个方面综合运用进行变化设计，如图1-37作品从衣领、门襟、衣袖、下摆几个部位进行了变化设计，视觉冲击力较强，造型新颖。

图1-37　创意女装设计

思考练习题

1. 衣领、衣袖、门襟、口袋、廓型设计思路有哪些？

2. 分别以衣领、衣袖、门襟、口袋、廓型为设计重点，各设计上装12款，A4排版，电脑绘制。

第二章 女装款式设计方法 2

第一节 挖空法

一 案例分析

挖空，即是减去。虽然市场对挖空设计的态度呈两极分化，但设计需要创新，挖空法能让常见的款式更有设计感。创新的挖空设计从若隐若现的裂口到夸张的大面积都有，风格简洁利落，接近建筑风。如图2-1所示的服装款式案例，尝试用挖空法，探索空白之美。

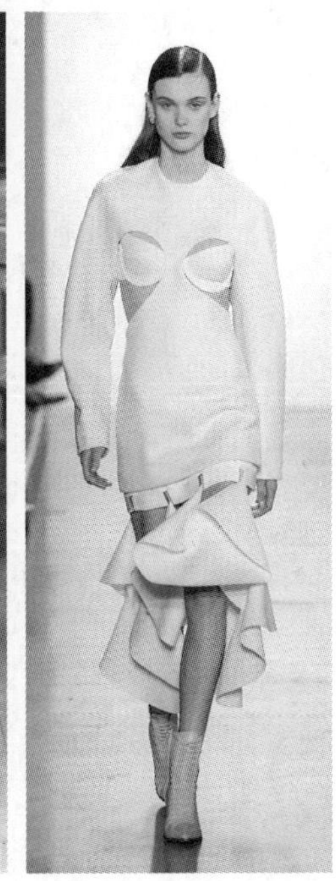

图2-1 运用挖空法的服装款式

二 设计与应用

以下向大家展示的是挖空法在女装款式设计中的应用，挖空法可以用于上装、裙装、下装设计中，应用范围极为广泛，是服装设计师们钟爱的设计方法之一（图2-2）。

图2-2

图2-2　挖空法的设计与应用

第二节 拼接法

一 案例分析

拼接法更强调拼接部位形的组织与变化、面料的对比与冲突，展现独特气质，可将其用于连衣裙和西装的设计（图2-3）。

图2-3 运用拼接法的服装款式

二 设计与应用

以下向大家展示的是拼接法在女装款式设计中的应用，拼接法可以用于上装、裙装、下装设计中，拼接法运用的重点是线形拼接的设计（图2-4）。

图2-4　拼接法的设计与应用

第三节　穗边与流苏法

一 案例分析

穗边与流苏脱离了其原始部落风，以更奢华的形式应用于各种服装款型：服装袖部、接缝与底边的超长流苏打造前卫造型，亦可以有长短、疏密、多少的变化，打造别具一格的时尚感（图2-5~图2-7）。

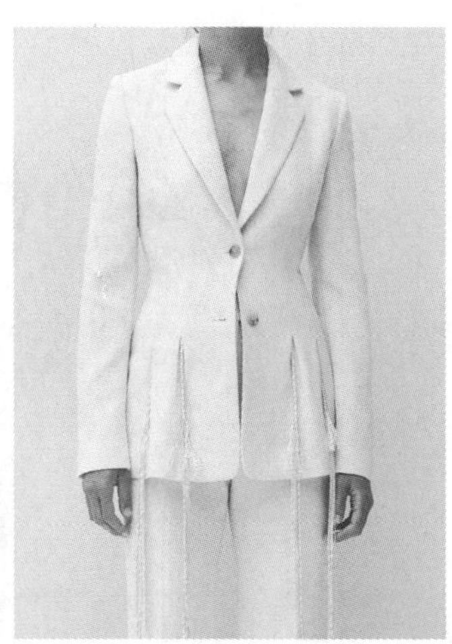

图2-5　长流苏在女上装中的应用

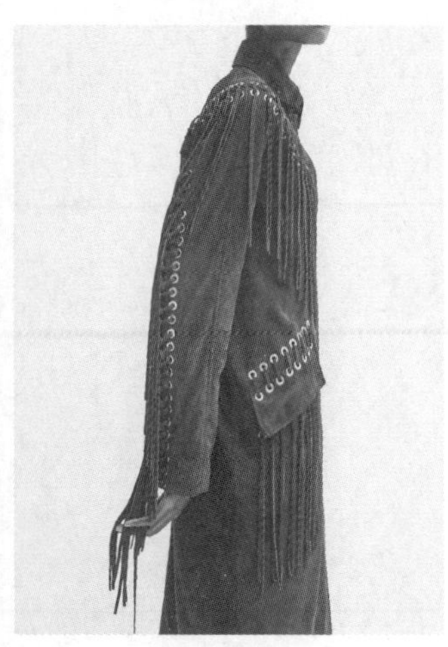

图2-6　穗边与流苏在裙装中的应用

图2-7　运用穗边与流苏法的服装款式

二 设计与应用

以下向大家展示的是穗边与流苏法在女装款式设计中的应用。穗边与流苏具有较强的装饰性，常用于裙装、上装设计中（图2-8）。

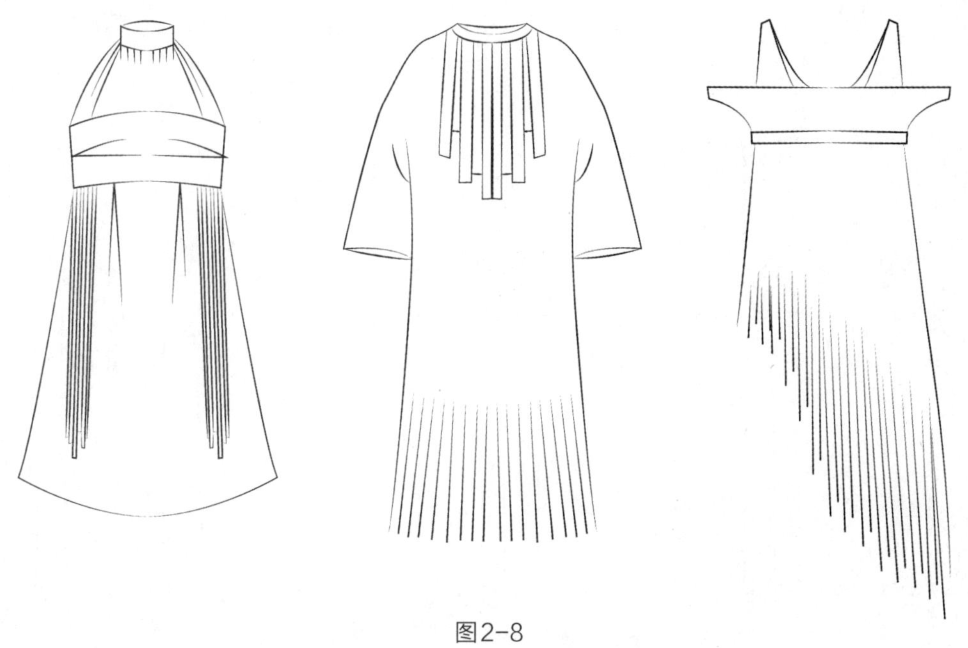

图2-8

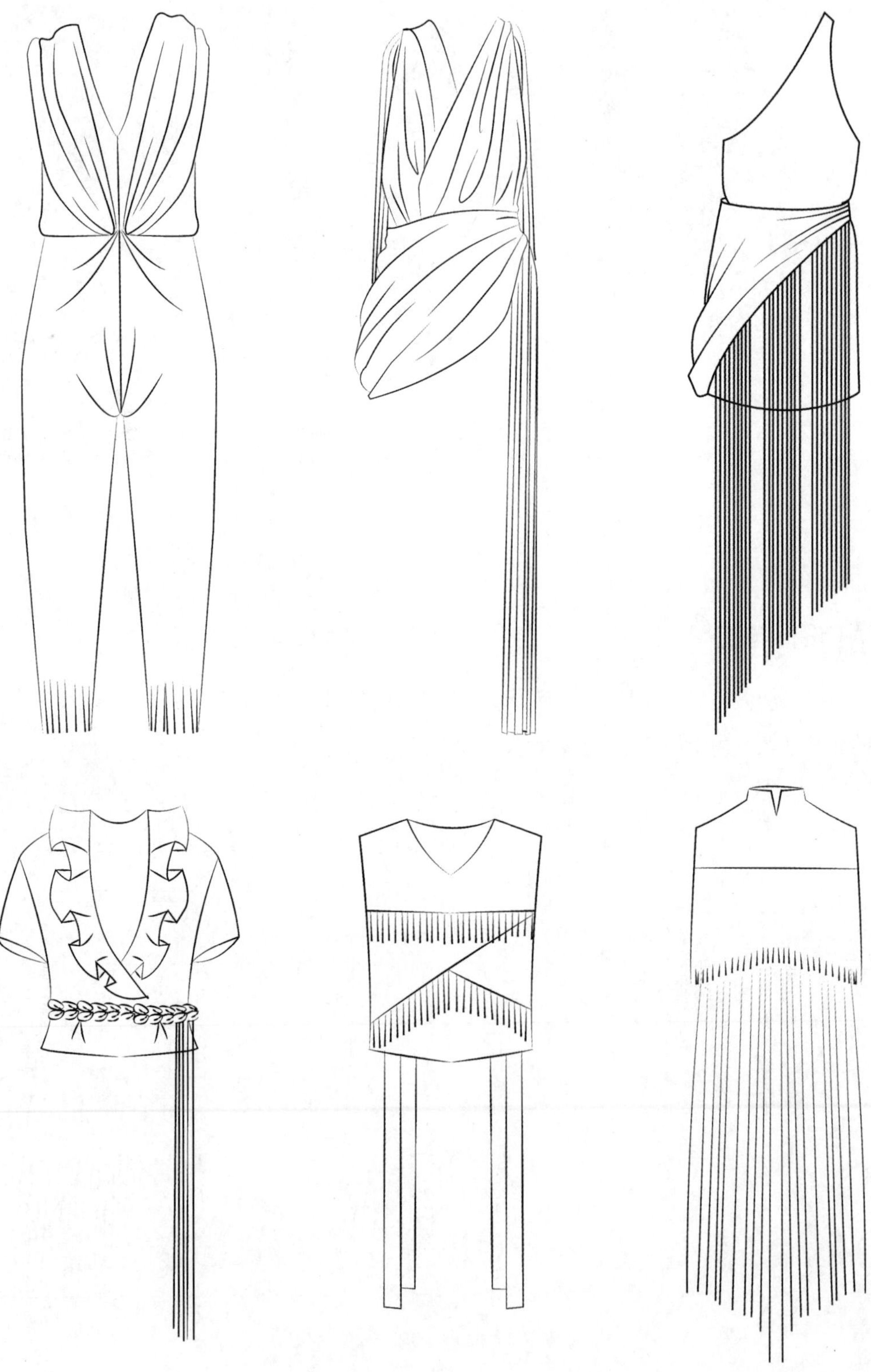

图2-8 穗边与流苏法的设计与应用

第四节　系结与包裹法

一 案例分析

系结、包裹法可以混合使用，也可以单独运用，成为突显设计的新颖元素，极大提升轮廓的量感和魅力，长款缎带系带简洁端庄（图2-9~图2-11）。

图2-9　单独使用系结法的服装款式

图2-10　混合使用系结与包裹法的服装款式

图2-11　运用系结与包裹法的服装款式

二 设计与应用

以下向大家展示的是系结与包裹法在女装款式设计中的应用，系结与包裹法的运用，使得服装款式更具有看点与欣赏性（图2-12）。

图2-12

图2-12

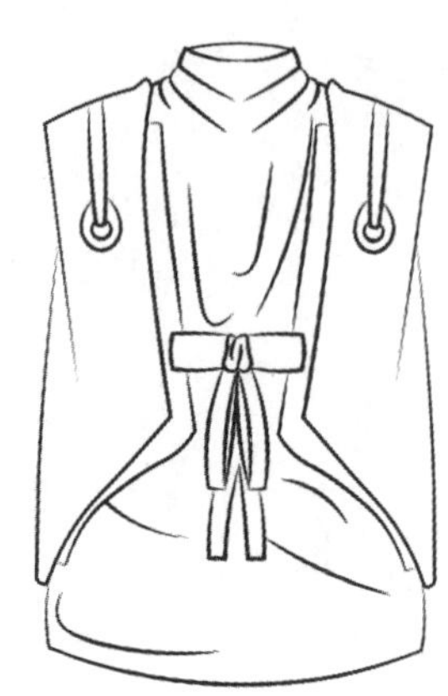

图2-12　系结与包裹法的设计与应用

第五节　交叉法

一 案例分析

交叉元素更新了扭绞和系结设计，为上衣、连衣裙和针织单品带来新的外观。该设计法迎合了之前就已经显现出来的百搭趋势，打造出一衣多穿的效果（图2-13）。

图2-13　运用交叉法的服装款式

二 设计与应用

以下向大家展示的是交叉法在女装款式设计中的应用，交叉法可以用于上装、裙装、下装设计中。交叉法的运用，使得服装款式具有了雕塑感，极为惊艳（图2–14）。

图2–14

图2-14 交叉法的设计与应用

女装款式设计方法不局限于本书提到的几类，设计方法应是无穷尽的。以下展示的是通过以上方法的学习而进行的自由创作作品（图2-15），此环节不限制设计方法，鼓励寻找更多创新的设计方法，用于女装款式造型创作。

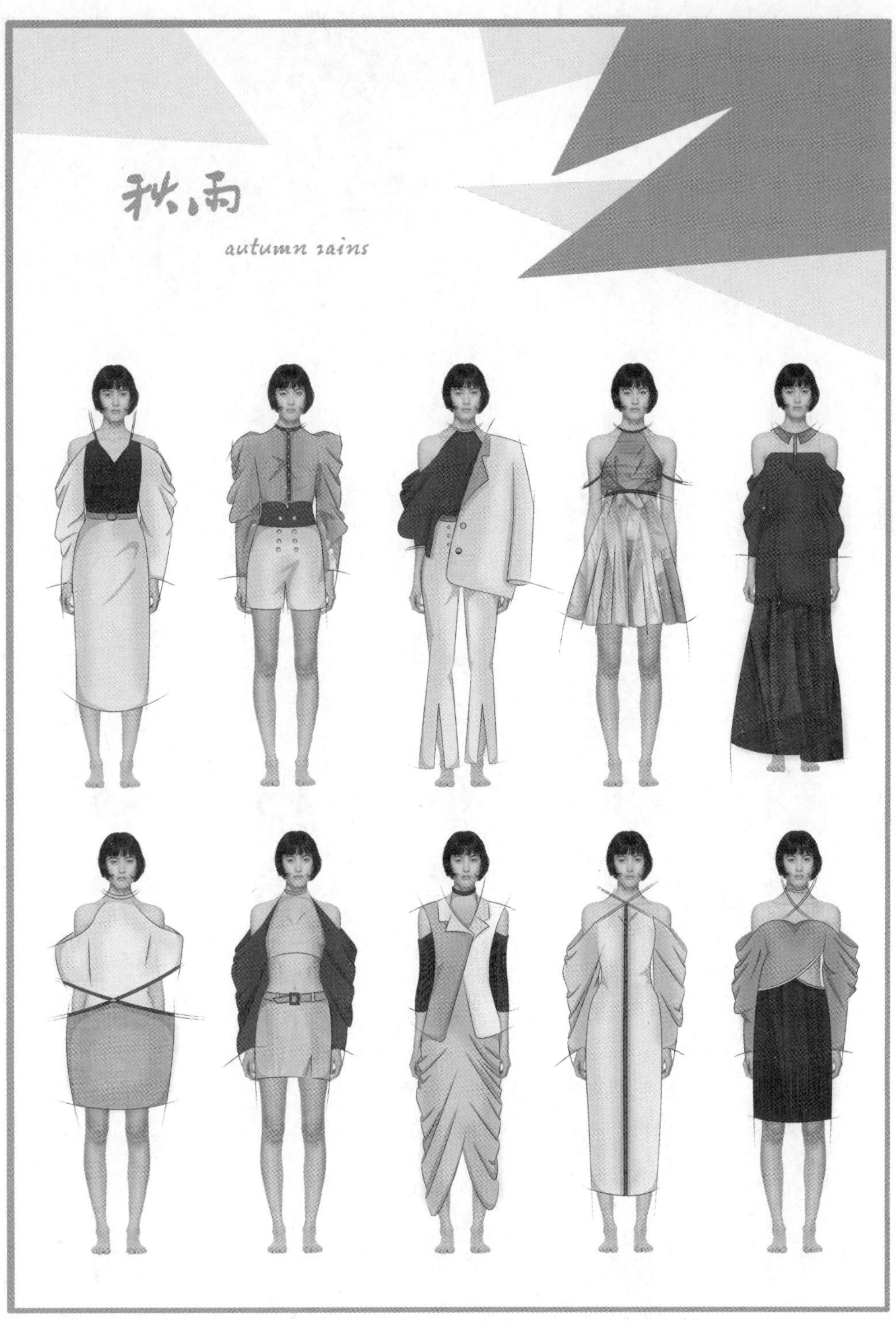

图2-15

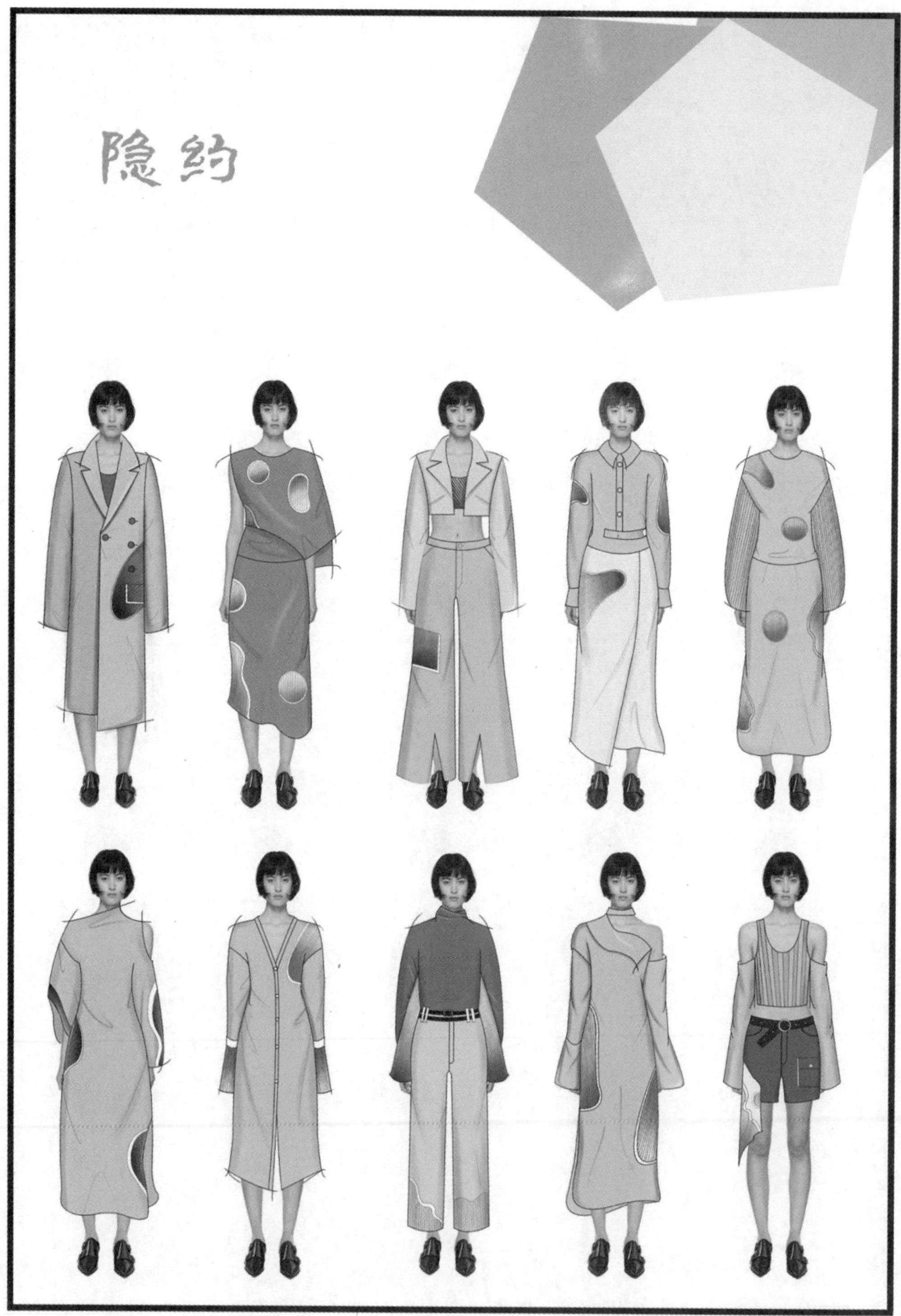
隐约

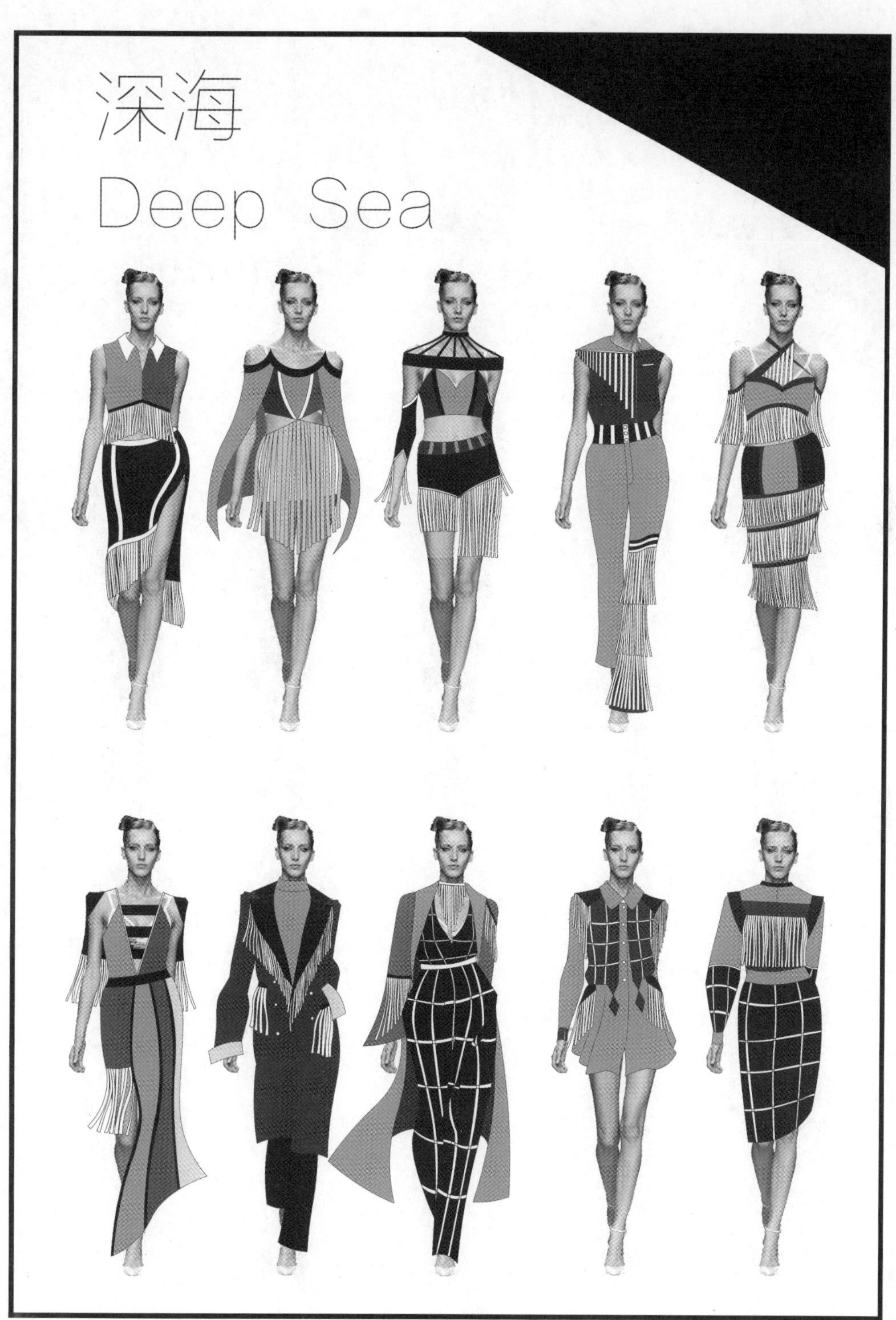

图2-15

然也 surely

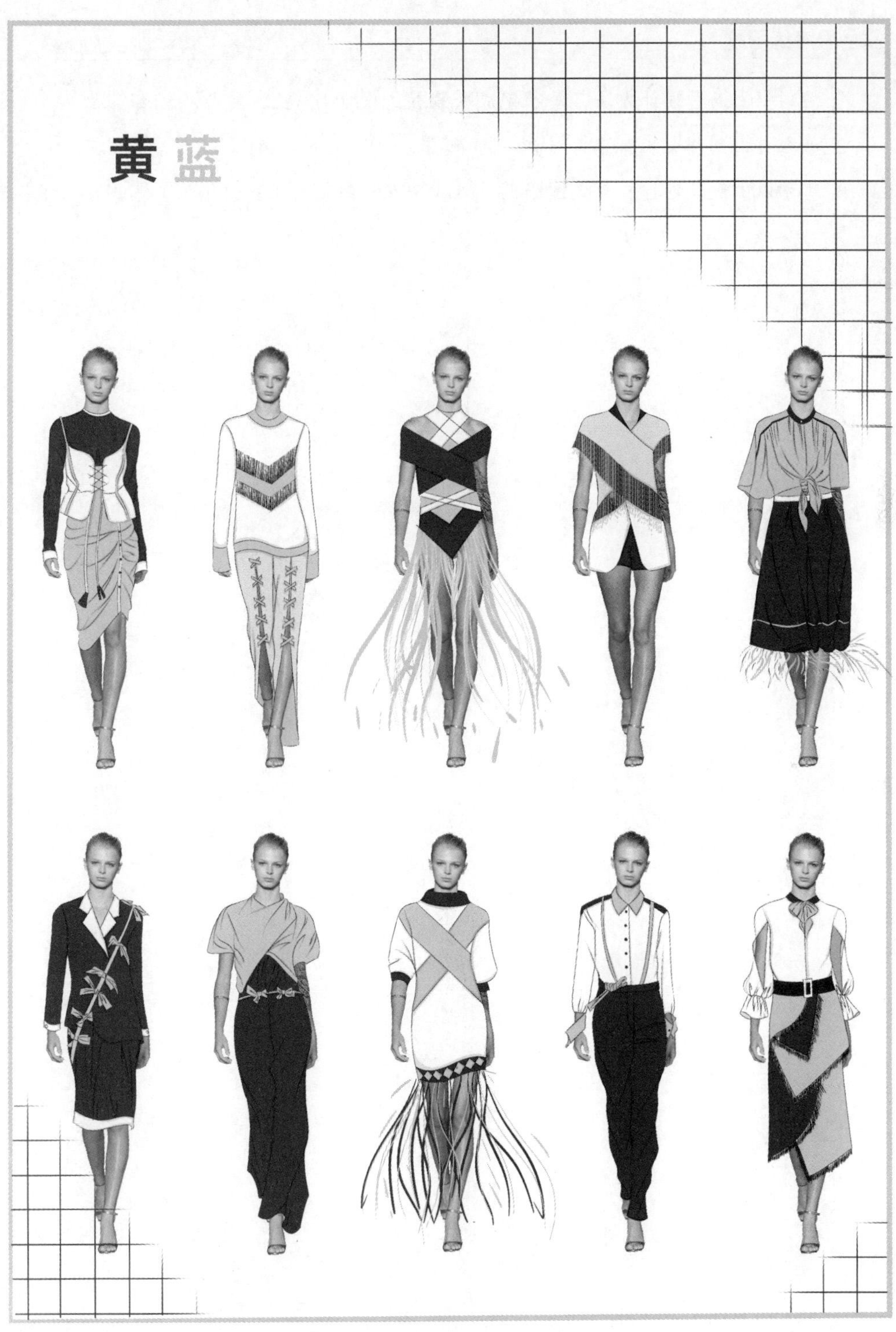

图2-15　女装款式自由创作作品

思考练习题

1. 运用以上五种设计方法，每人完成女装款式设计150款。要求：A4纸张。
2. 每人自由创作女装30款。要求：A4纸张。
3. 基于以上设计创作、款式图绘制，进行个人总结。要求：A4纸张，不少于500字。

第三章 女装单品款式设计案例

3

第一节 上装

一 T恤

T恤，又称T恤衫、T字衫，是春夏季人们最喜欢的服装之一，特别是烈日炎炎，酷暑难耐的盛夏，T恤衫以其自然、舒适、潇洒又不失庄重之感的优点而逐渐成为人们乐于穿着的时令服装（图3-1）。

图3-1

图3-1

图3-1 T恤款式设计案例

二 内衣、泳衣

内衣是指贴身穿的衣物，通常是直接接触皮肤的，是现代人不可缺少的服饰之一。泳衣多指女性游泳时的专用服装，也有男性泳衣。泳衣与体操衣不同，泳衣要求浸入水中不会下沉，多采用遇水不松垂、不鼓胀的纺织品制成（图3-2）。

图3-2

图3-2

图3-2

图3-2

图3-2

图3-2

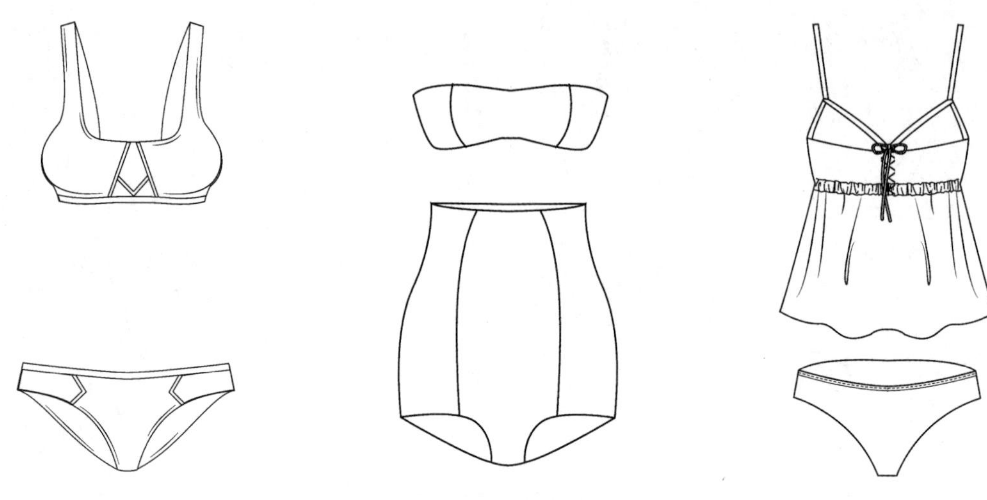

图3-2　内衣、泳衣款式设计案例

三 卫衣、运动服、牛仔服

该类服装为休闲服装的经典类型，款式大气、炫酷，深得年轻人喜爱，一年四季皆可穿着，可单穿也可以搭配穿着（图3-3）。

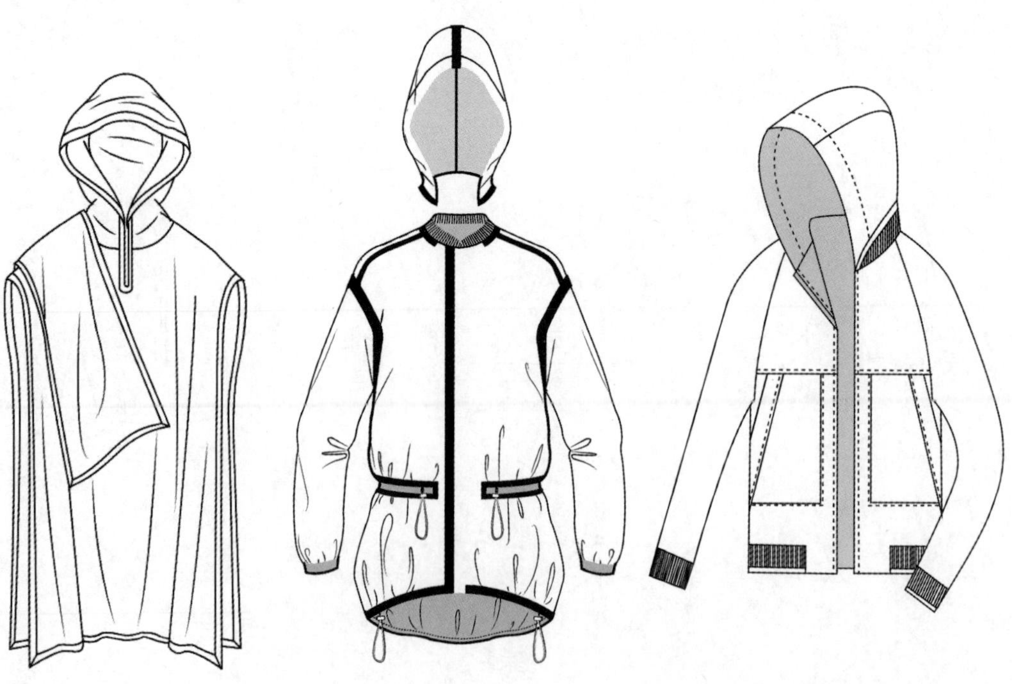

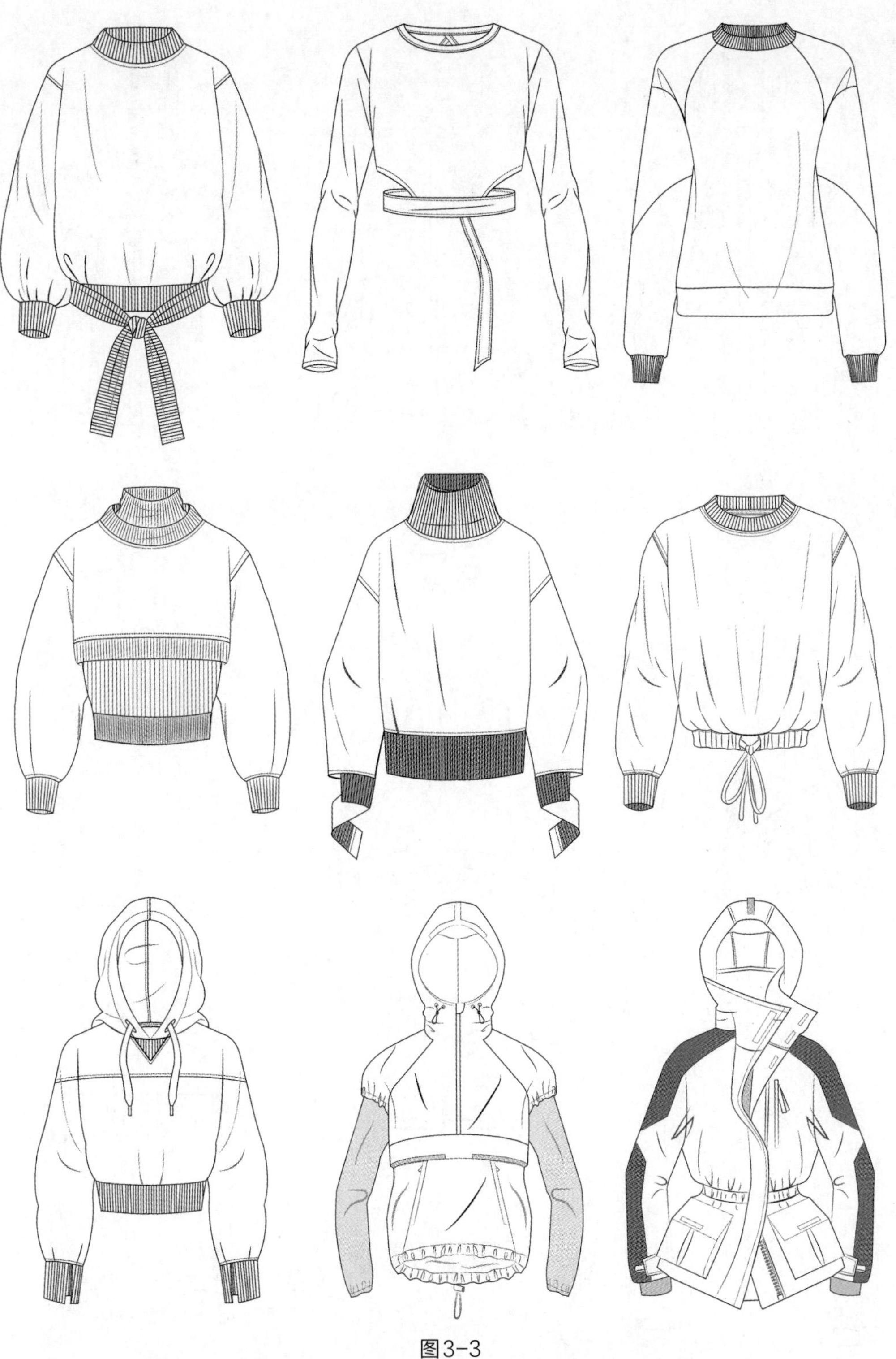

图3-3

图3-3

图3-3

图3-3

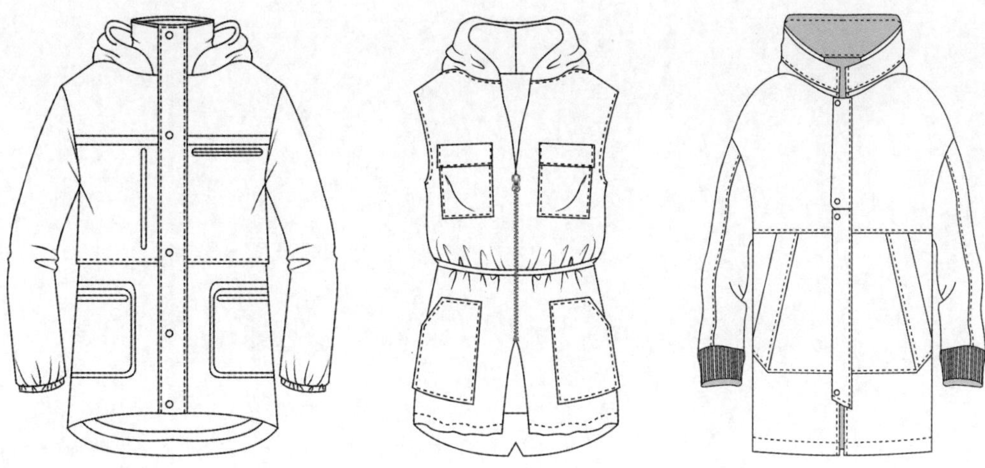

图3-3　卫衣、运动服、牛仔服款式设计案例

四 衬衫、小衫

根据穿着场合不同，女士衬衫可分为正装衬衫和便装衬衫。正装衬衫裁剪合体，在款式设计上突出女性的曲线美，适合职业女性上班穿着；便装衬衫多用于非正式场合，面料以舒适为主，款式上富有变化（图3-4）。

设计要点：正装衬衫在设计时要注意突出女性的胸线和腰线，要在保持干练的同时保持女性特有的柔美。便装衬衫可塑性大，衣身可宽松、飘逸一些。

小衫适应于夏季，外穿。款式没有太多的限制。

图3-4

图3-4

图3-4

图3-4

图3-4

图3-4 衬衫、小衫款式设计案例

五 外套

外套包含的种类很多，如西装、夹克、风衣、大衣等。其中，女士西装在当下社会成为彰显女性独立、自信的标志，其主要特点是外观挺阔、线条流畅。

设计要点：翻驳领可以随意变化，廓型视出席场合而定，正式场合选择X型，显得穿着者较为干练；休闲场合可选用O、A、T、H等廓型。

女士夹克是一种较短的上衣，胸围宽松、袖口和下摆收紧。夹克多为开襟款式，其特点轻便、灵活，深受年轻人喜欢。

设计要点：可对衣身采用装饰设计，如加装饰线、扣饰、拉链等。

风衣是一种防风雨的薄型大衣，搭配长裤或中裙穿着，能够展现出女性的优雅气质，也可当作连衣裙单穿。大衣是穿在最外层的服装，有保暖和抵挡风雨的用途。大衣的体积一般较大，衣长至膝盖以下，多为长袖。

设计要点：大衣与风衣的主要区别在面料上，风衣面料轻薄，大衣面料厚重。二者设计变化的空间较大，如领型、袖型、廓型等方面（图3-5）。

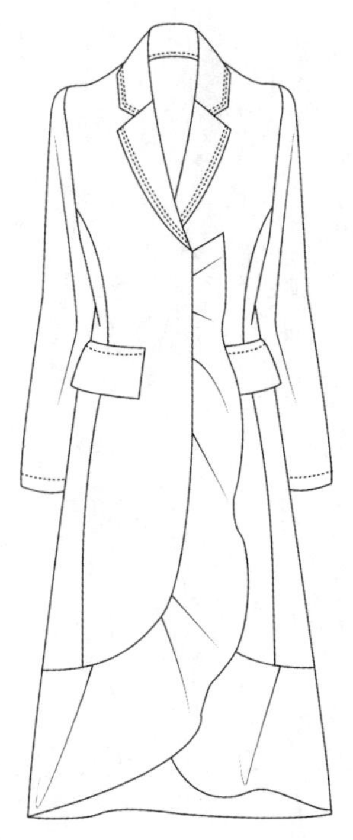
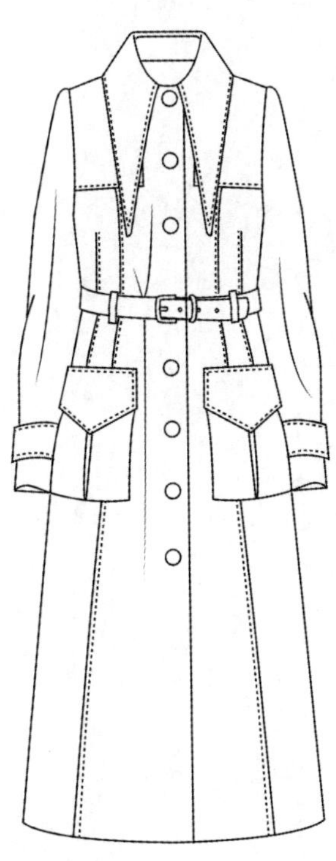

图3-5

图3-5

图3-5

图3-5

图3-5

图3-5

图3-5

图3-5

图3-5

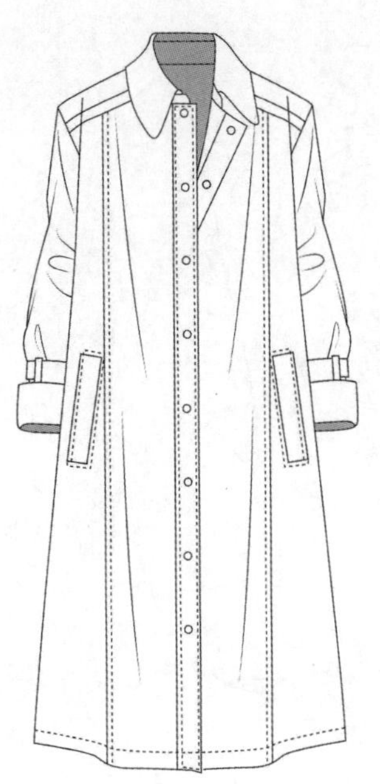
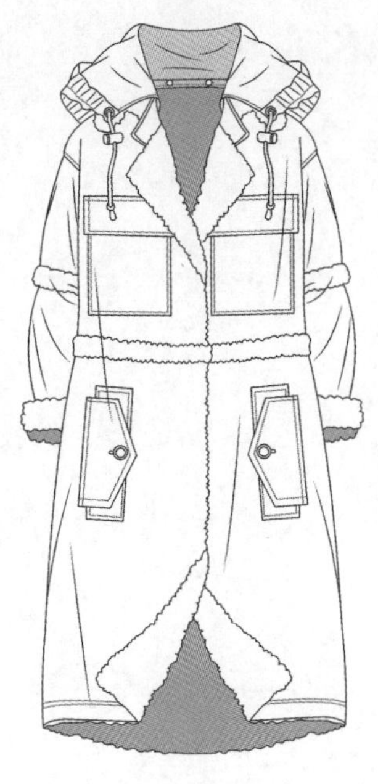
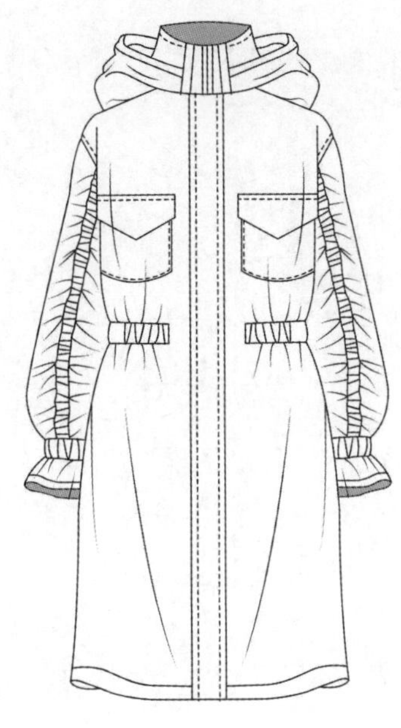

图3-5 外套款式设计案例

六 羽绒服、棉服

羽绒服是指双层面料内填充羽绒填料的服装，其外形圆润，有轻、柔、暖的特点。羽绒服面料多采用高密度的涂层尼龙纺，既能防止羽绒钻出面料，又能保持衣内有较多的空气，从而达到好的保暖效果。

设计要点：羽绒服一定要选择高密度的面料，可以有效防止钻毛问题。棉服限制性不大，款式随流行趋势而变（图3-6）。

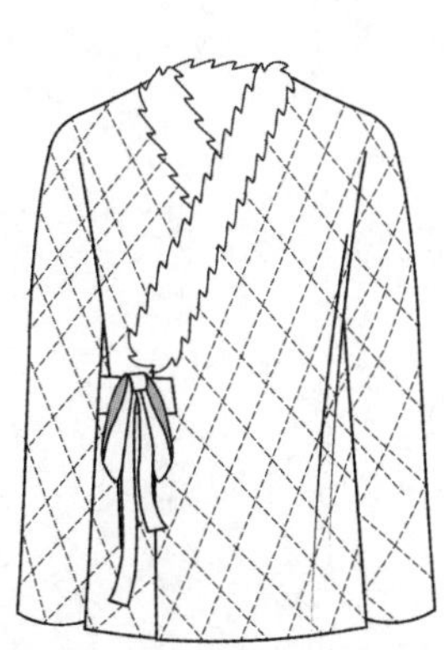

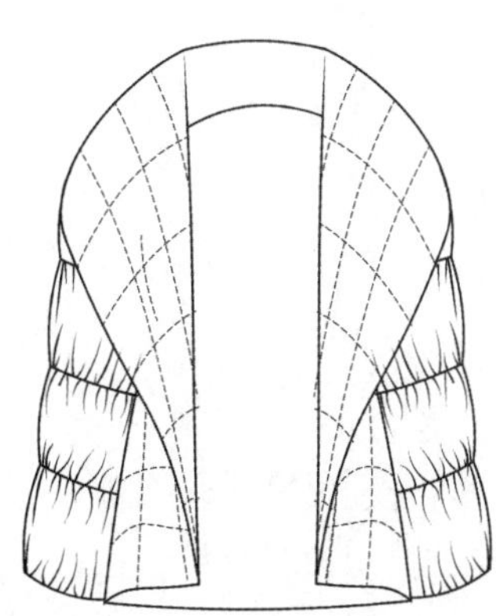

图3-6

图3-6

图3-6

图3-6

图3-6

图3-6

图3-6

图3-6

图3-6　羽绒服、棉服款式设计案例

七 皮草

皮草是指利用动物毛皮制成的衣服，有保暖、华贵的特点。

设计要点：设计皮草服装可以多种材料重组，亦可在工艺方面突破，如剪毛、印染、编织等工艺相结合（图3–7）。

图3–7

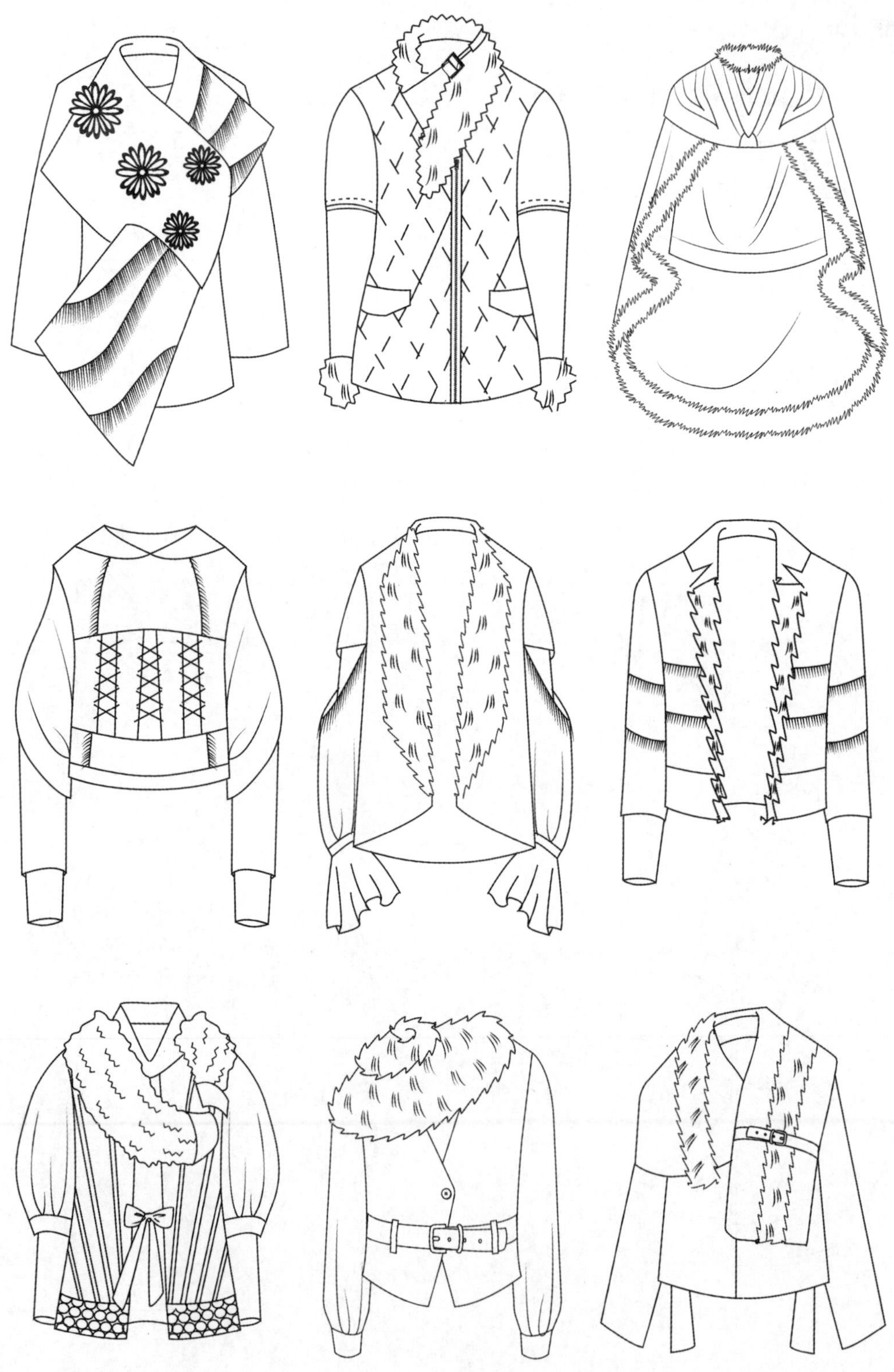

图3-7

图3-7

图3-7

图3-7

图3-7

图3-7

图3-7　皮草款式设计案例

第二节　下装

一 半身裙

半身裙是指腰部以下的裙体部分，其长度在膝盖附近或者膝盖到脚踝之间，有A、O、H等廓型之分。

设计要点：一是省的转移，从结构的角度来看，省可以转化成褶裥，通过这种转移，使半身裙的装饰性增强。二是从半身裙构成要素入手，如腰头，可以对其形状、宽窄等进行变化设计。三是对半身裙裙身进行装饰设计，如添加刺绣图案、进行镂空设计等（图3-8）。

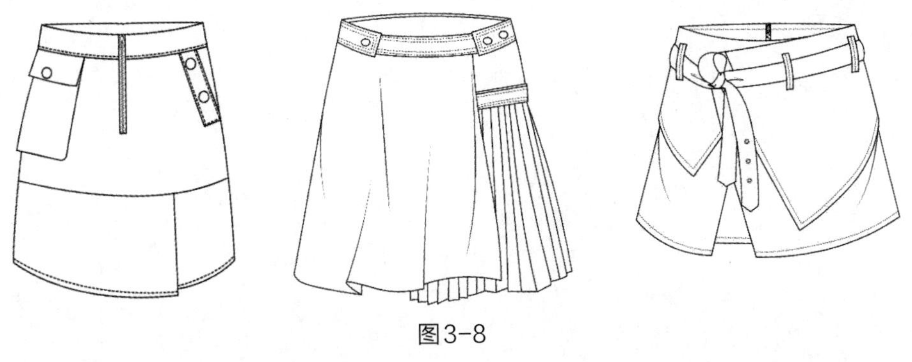

图3-8

图3-8

图3-8

图3-8

图3-8

图3-8 半身裙款式设计案例

二 裤子

女式休闲裤是指非正式场合穿着的裤子。以西裤为模板，但在面料、板型方面比西裤更加舒适，穿起来显得比较休闲、随意，颜色则更加丰富。其设计要点与半身裙比较相似（图3-9）。

图3-9

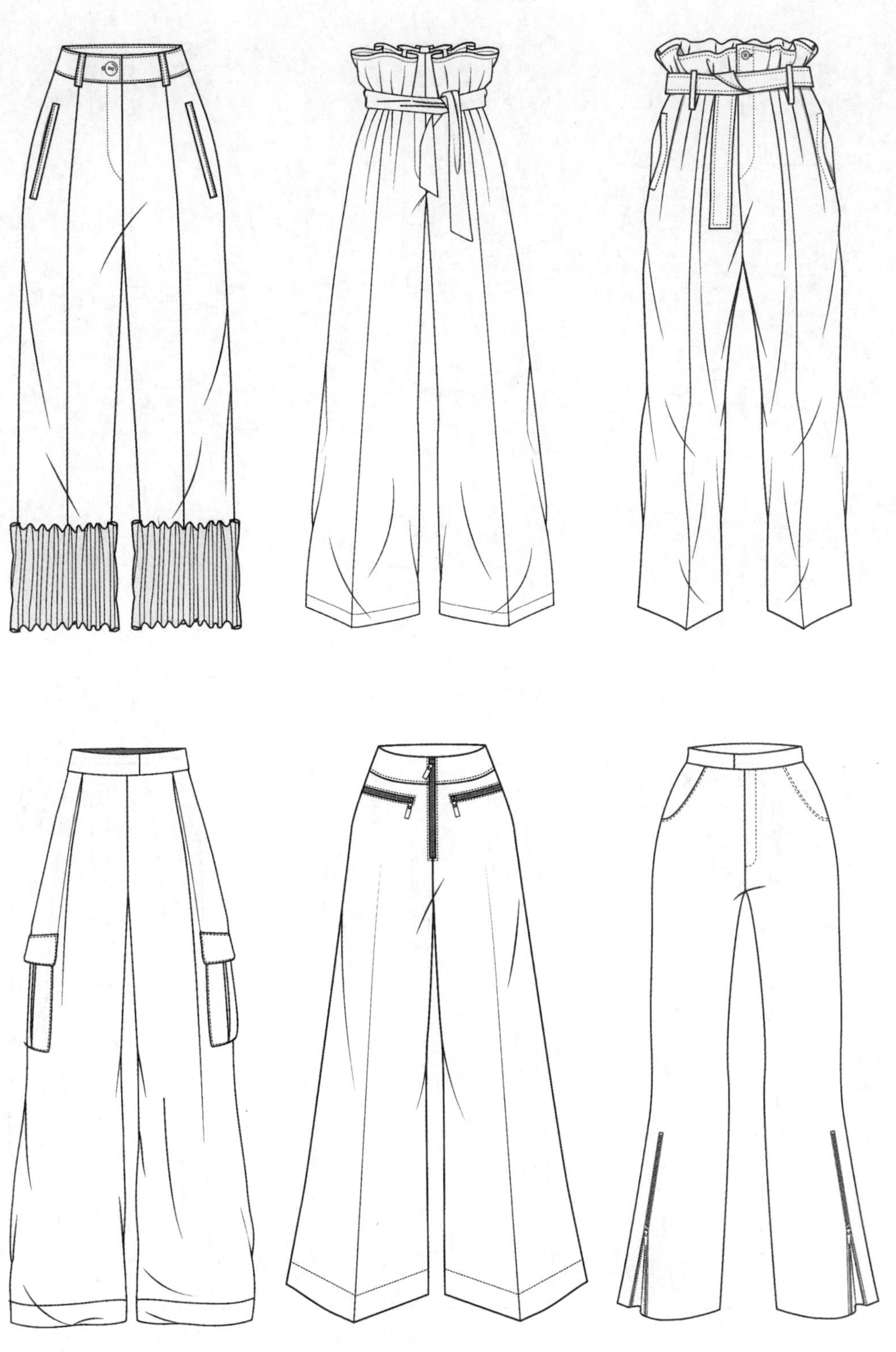

图3-9

图3-9

图3-9

图3-9

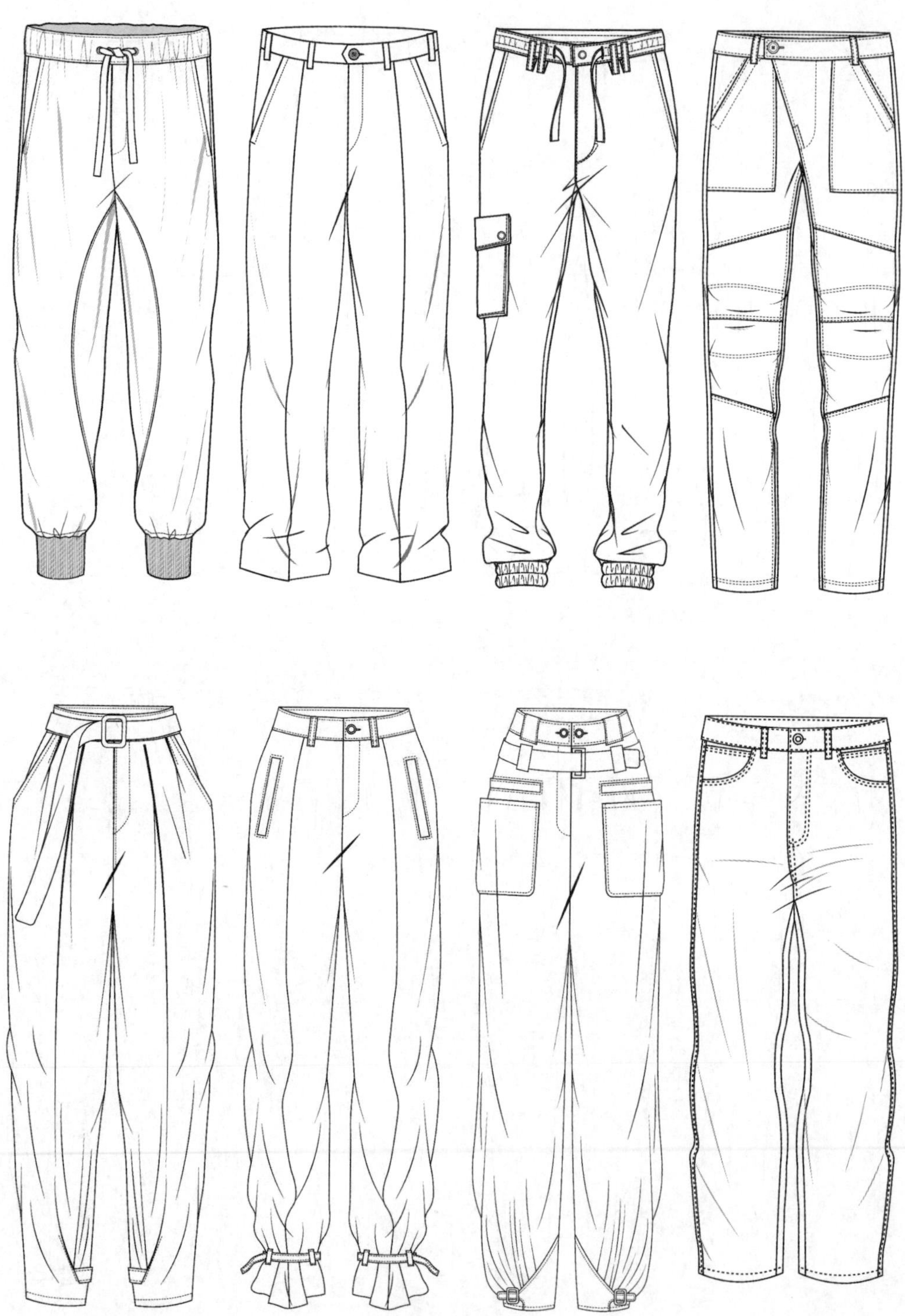

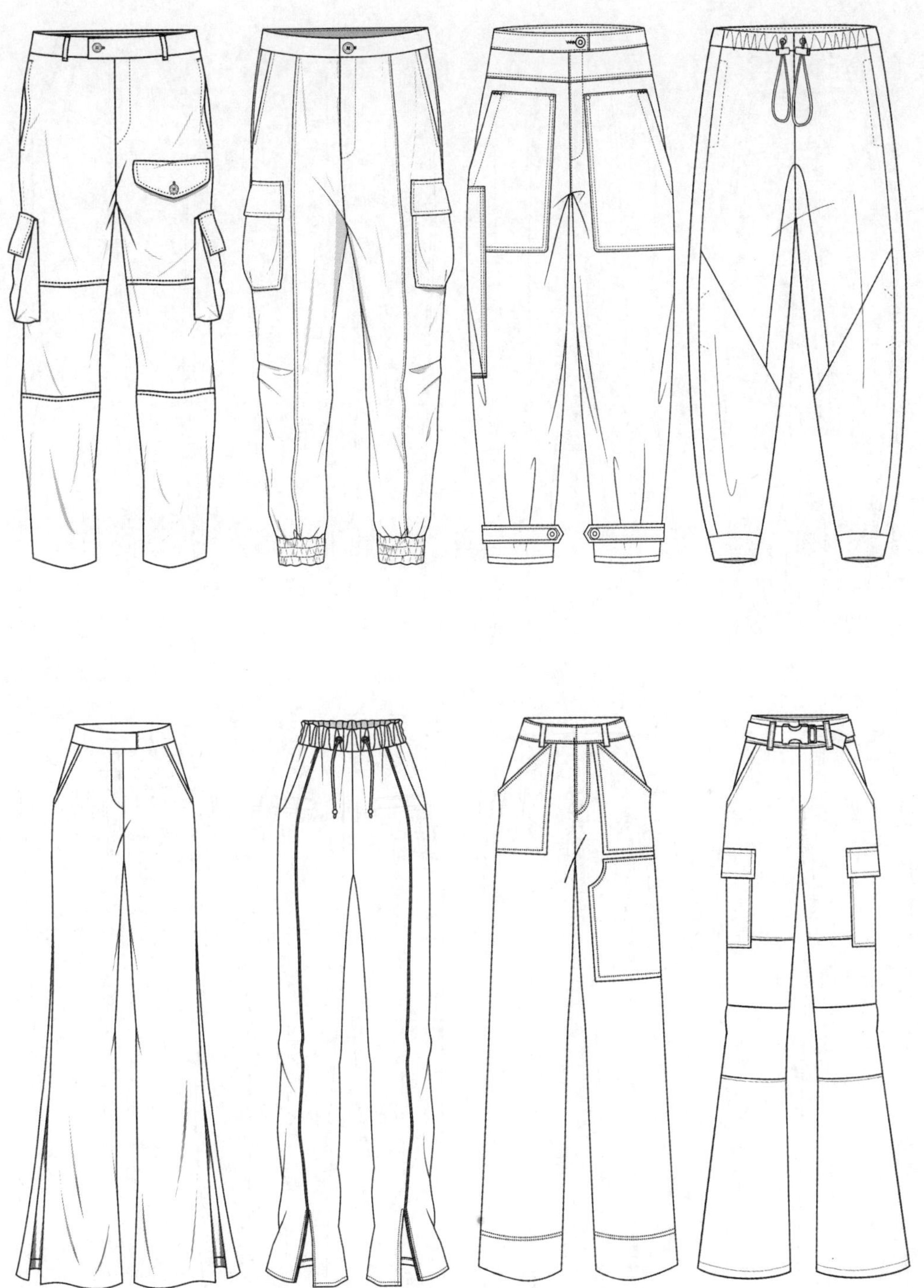

图3-9

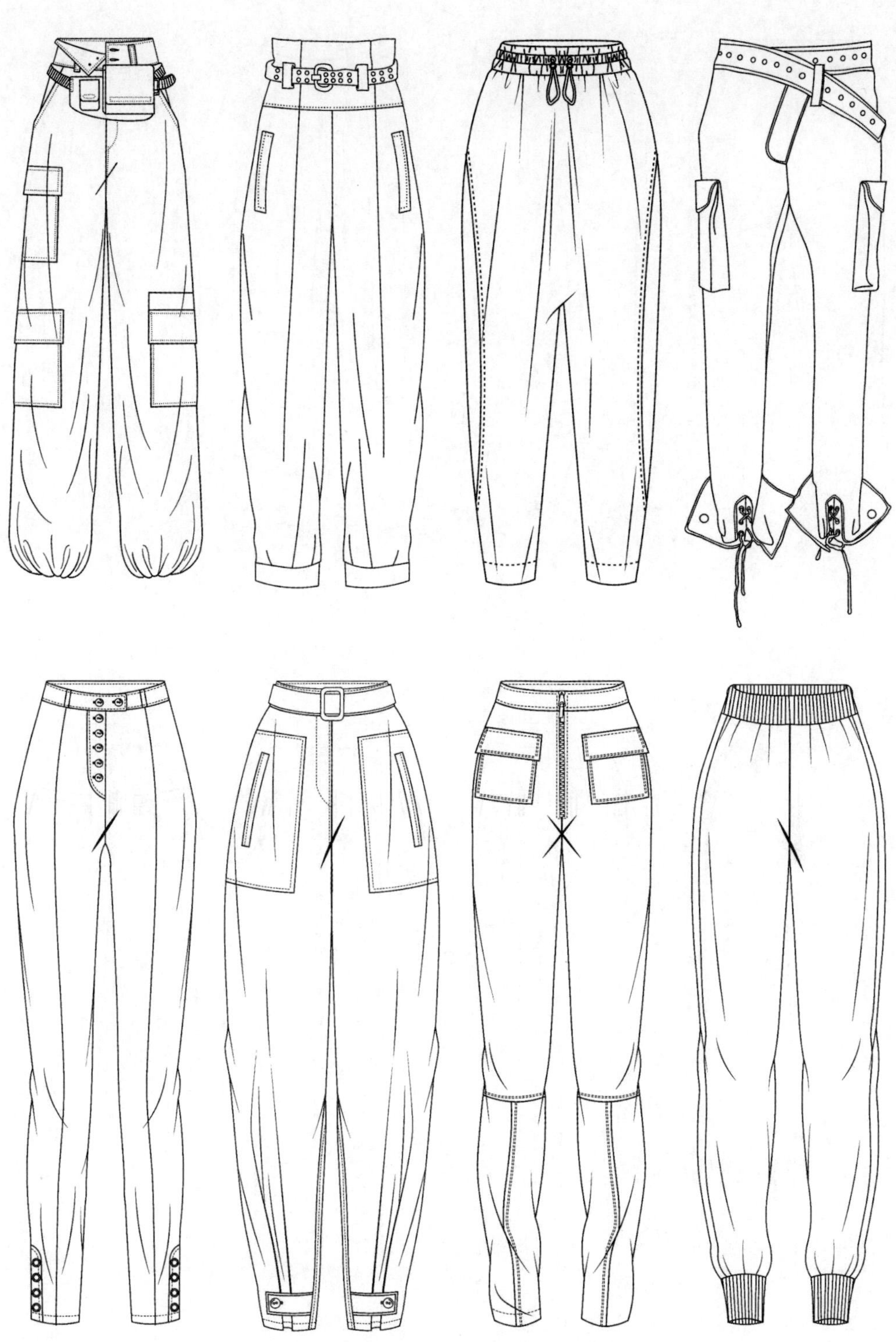

图3-9

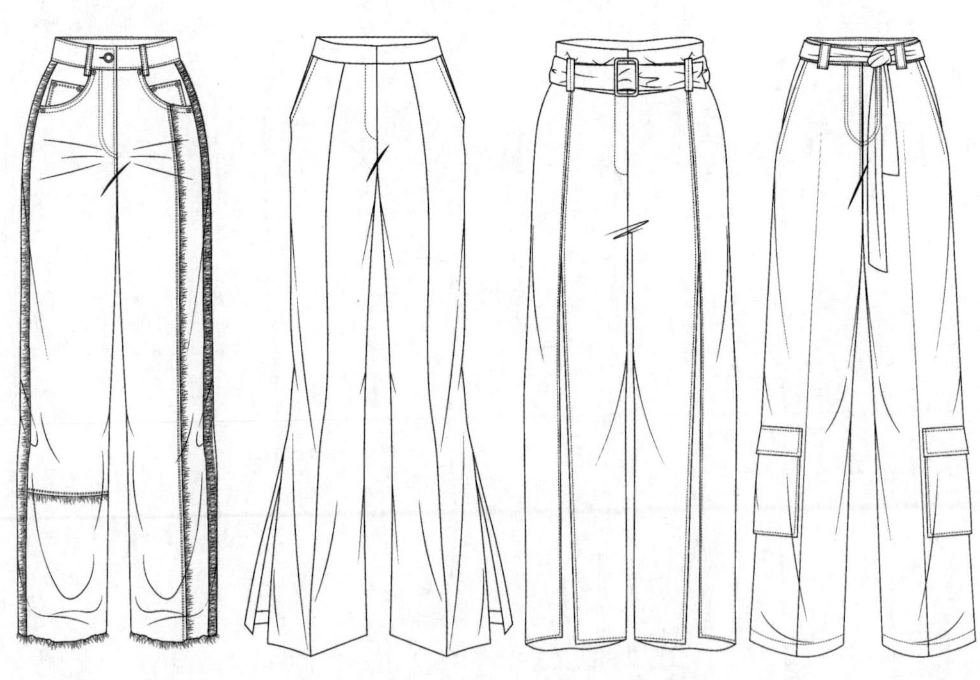

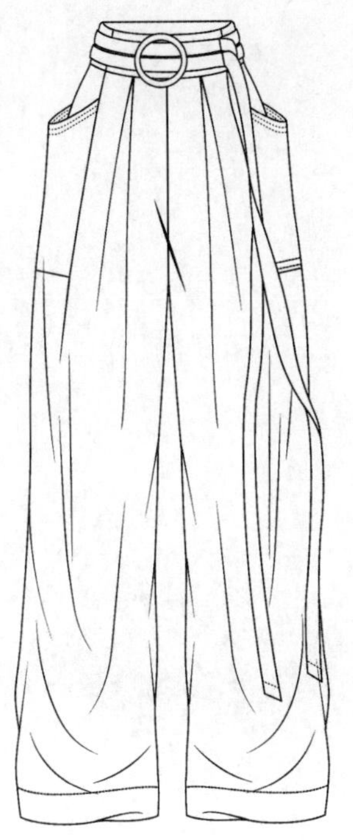
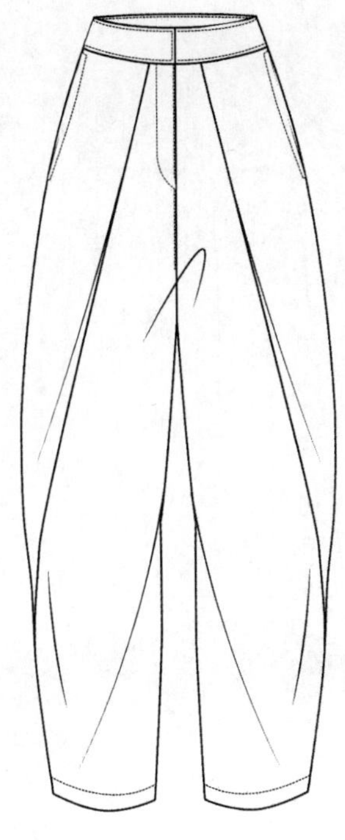
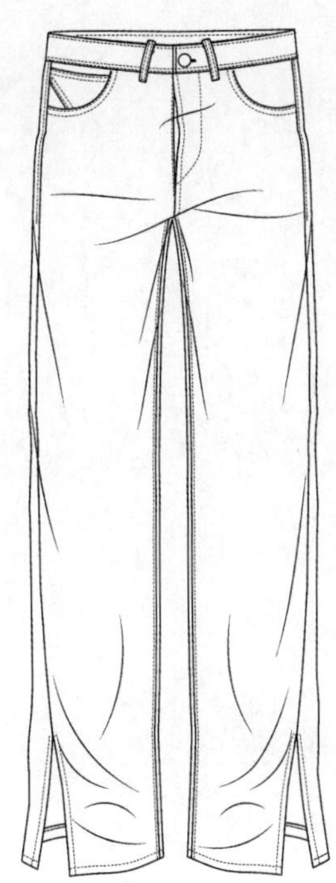

图3-9　裤子款式设计案例

第三节　一体装

一 连衣裙

连衣裙以其变化莫测、种类繁多的款式而深受各个年龄段女性的青睐。

设计要点：连衣裙可根据季节、年龄等定位去设计，有吊带、无袖、有袖之分（图3-10）。

图3-10

图3-10

图3-10

图3-10

图3-10

图3-10

图3-10

图3-10 连衣裙款式设计案例

二 连体裤

连体裤可分为连衣裤、背带裤两类，是在工装裤的基础上发展而来，较受年轻女性喜爱。有喇叭、直筒、锥形等裤型之分（图3-11）。

图3-11

图3-11　连体裤款式设计案例

思考练习题

1. 目前服装市场中的女装品类有哪些？

2. 归纳总结不同女装品类的设计思路与方法。

第四章

女装系列款式设计与案例

4

第一节　女装系列款式设计过程

一 前期准备

（一）设计主题

所有成功的设计，都不是凭空想象出来的，都需要一定的依据与出处（灵感来源），通过各种渠道对感官的刺激，形成设计想法。一般来说，设计主题是服装款式设计的方向，在开始阶段，我们应明确设计的主题。主题可以是抽象的，也可以是具体的，在此基础上寻找具体的灵感素材。

设计主题的寻找途径是多方面的。如网络、图书馆、旧货市场或者跳蚤市场、博物馆、商场等，当然，设计主题不局限于以上几种，其来源于生活的方方面面。一般情况下，主题由学生自己寻找，最好是自己感兴趣的内容（有利于调动设计的积极性和激发创作火花），也可以依据设计大赛寻找设计的主题。主题名称可以是抽象的，如“悲哀”；也可以是具体的，例如“森林之约”。

1. 网络

网络是最快捷的渠道与路径之一，设计师还可以利用网络得到最新的流行资讯（图4–1~图4–3）。

2. 图书馆

充分利用图书馆馆藏书籍来寻找设计主题（图4–4）。

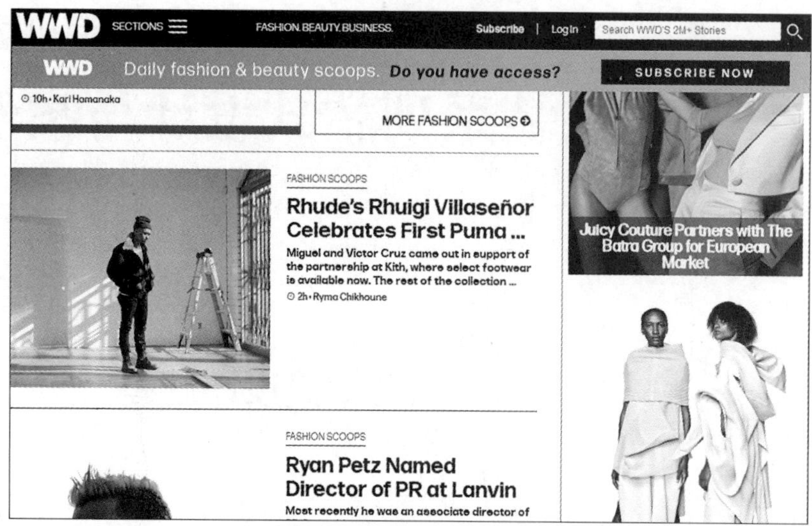

图4-1 www.wwd.com

图4-2 www.vogue.com

图4-3 www.haibao.com

图4-4 图书馆

3. 旧货市场或者跳蚤市场

旧的书籍、家具、饰品，用心寻找也会激发出创作灵感。

4. 博物馆

不同的博物馆，可以刺激到我们不同的感官，给予我们灵感（图4-5）。

5. 商场

商场售卖的物品同样也可以激发我们创作的灵感，帮助我们寻找到设计主题（图4-6）。

图4-5 博物馆

图4-6　商场

灵感来源是多方面的。作为服装设计师应不但对时尚、色彩和服装持有敏锐的敏感度，还要对音乐、历史、建筑、各国文化等有所关注甚至热爱。尝试将各种素材运用到设计当中，使得设计本身充满创意与个人的思想。

找到合适的主题之后，收集与主题相关的图片资料，制作主题板。主题板是资料集的一种展示，将能说明主题的图片和色彩以富有创意的形式综合在一起，不可随意罗列。主题板的目的是使观者能非常迅速地捕捉到你要表达的主题思想。如图4-7所示，依据“大连杯”国际青年服装设计大赛展开主题的寻找，制作完成主题板，以机械、工业为主题，突出信息时代这一大主题。其中，主题板包括主题名称、主题灵感来源、主题诠释三部分。

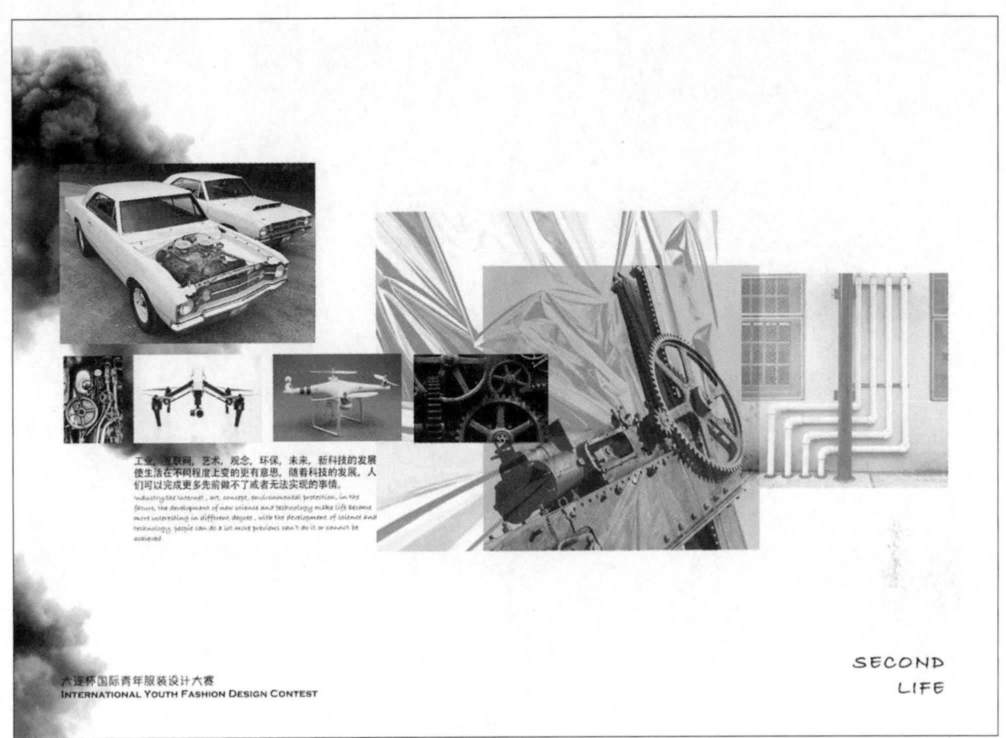

图4-7 设计主题《SECOND LIFE》

（二）色彩提炼

浅色多运用在春夏季，如鹅黄、柳绿、玫红等；深色多用于秋冬季，如大红、褐色、黑色等。当季及未来的色彩趋势由流行色预测公司发布。按照时间、服装类别进行预测工作，如男装秋冬流行色预测、女装春夏流行色预测等。

在女装款式设计过程中应参考流行趋势，结合自己的设计主题选取恰当的色彩范围进行设计搭配。色彩是学习女装款式设计的重要方面，主题板制作完成之后，接下来进行色彩的提炼，制作色彩板，用于后期款式色彩搭配。色彩板同样是一种资料展示集，包括同一主题下，色彩灵感来源图片资料、色彩提取与色标的绘制、文字说明（图4-8）。

（三）主要元素

指同一主题下，服装上的主要细节元素，这部分包括主要元素来源图片、文字说明（图4-9）。

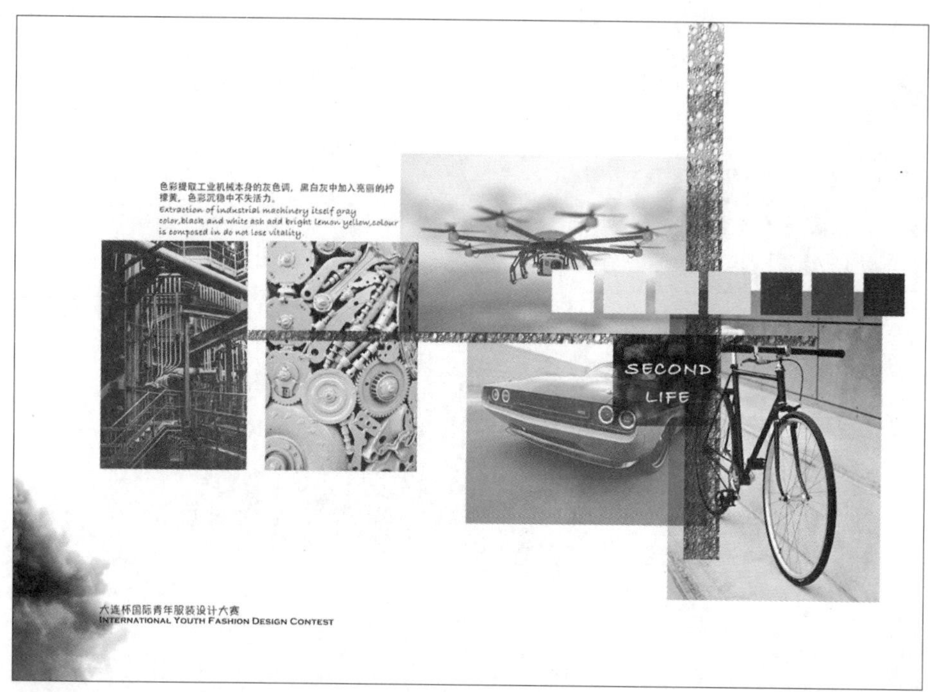

图4-8 《SECOND LIFE》色彩提炼

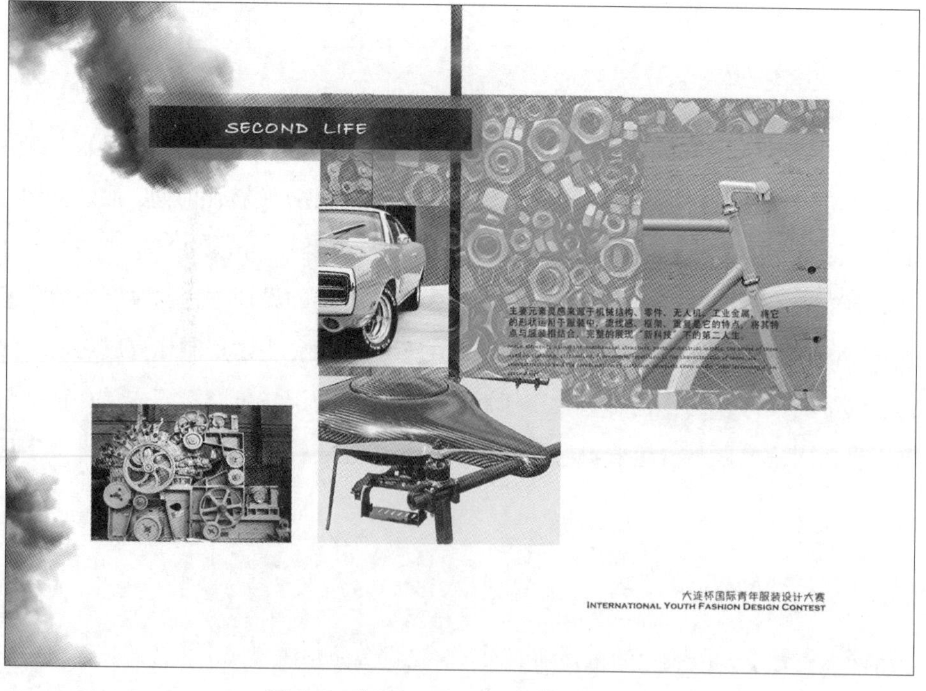

图4-9 《SECOND LIFE》主要元素

二 系列设计

1. 系列设计与设计效果图

主题、色彩、主要设计元素确定之后，开始进行系列设计。

系列设计着重考虑提取的主要细节元素如何与款式设计相结合、色彩的配比关系、面料肌理的表达等内容，并能根据主题、灵感以及所要表达的设计思想来修改和完善，从而使得款式能更清楚、更完整地表达设计思想。将所有跟主题相关的所能想到的设计尽可能地都记录下来，可以是局部，也可以是单品或者细节，更可以是多个系列，从中选出最能表达设计观点、充分代表此主题设计个性的款式。效果图是表达和交流设计思想的一个工具，对效果图进行具体绘制，细致刻画服装款式、色彩搭配、面料质感、立体效果（图4–10）。

2. 平面款式图

平面款式图着重表达设计的细节、比例、结构、工艺，在效果图绘制完成以后，我

图4–10 《SECOND LIFE》系列设计效果图

们还应该进行平面款式图的绘制与排版（图4-11）。平面款式图需要非常准确、干净、详细的绘制，只需绘制黑白线稿。详细、准确的平面款式图可以帮助板师准确地理解服装结构和比例，配合服装效果图和制作说明，准确无误地进行打板工作。同时，平面款式图还可以帮助缝纫工人了解缝纫、工艺细节，避免出现制作上的错误。

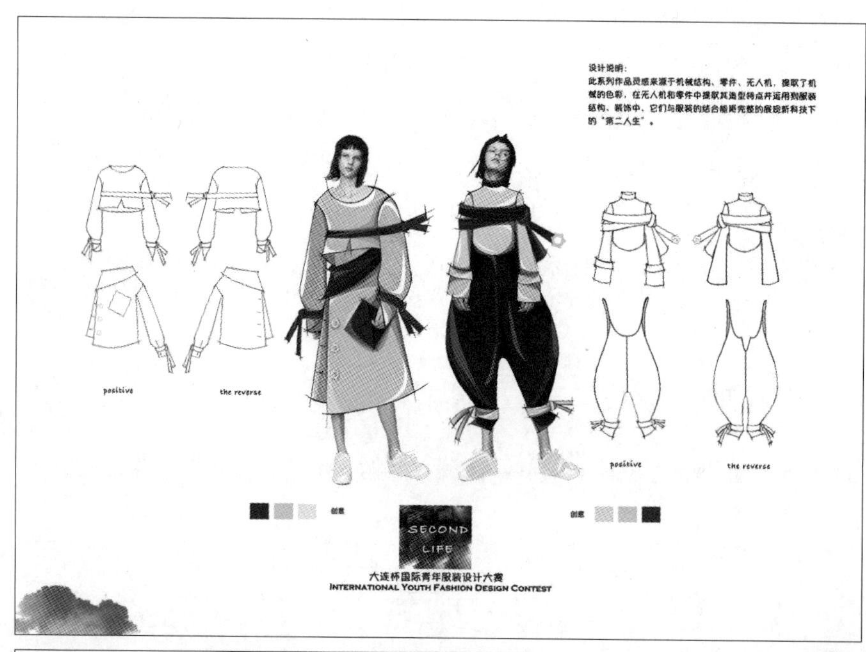

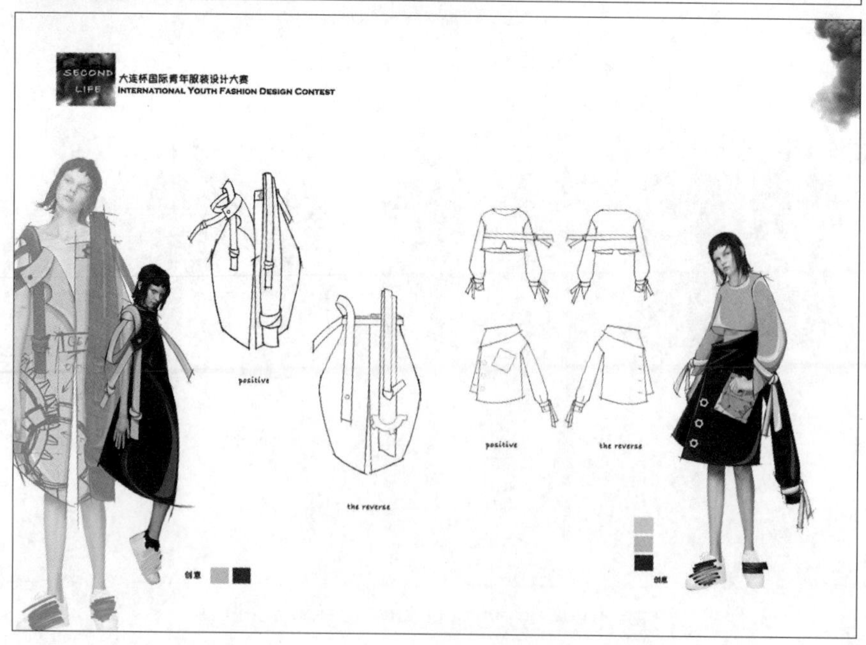

图4-11 《SECOND LIFE》平面款式图

第二节 女装系列设计案例解析

一 案例之《阡陌》

1. 设计主题、色彩提炼与主要元素（图4-12~图4-14）

《阡陌》系列作品灵感来源于都市纵横交错的立交桥，提取其造型、形态、线条等，转化成服装上的语言，如配饰、服装细节等。该系列作品紧扣主题，突出了素材特征，是完整性、系列性较好的设计作品。此案例中包含了该系列设计的设计主题诠释、色彩灵感来源及提炼、主要设计元素灵感来源及提取应用、系列设计效果图与平面款式图。

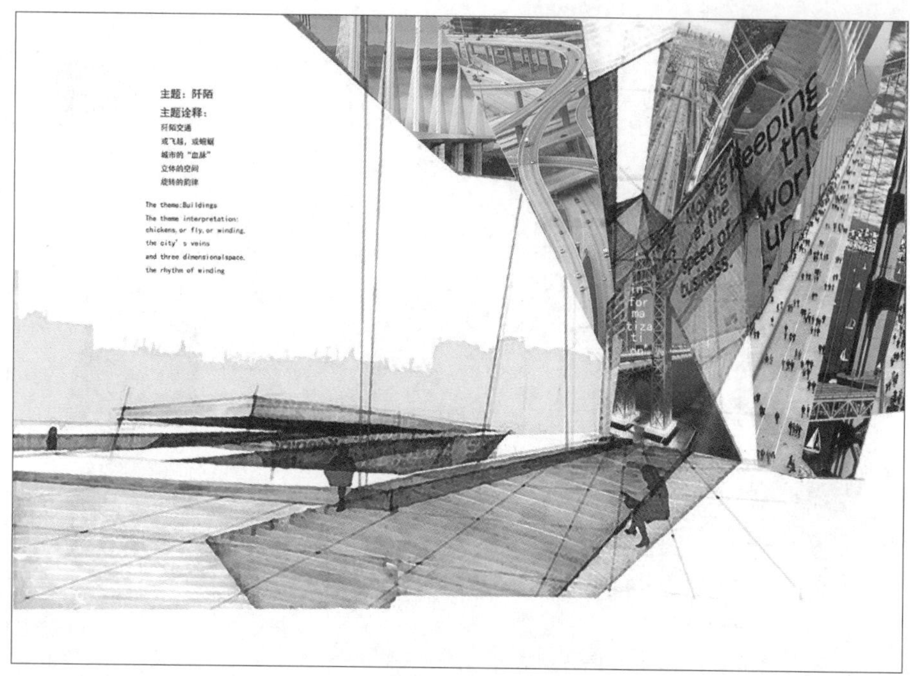

图4-12　设计主题《阡陌》

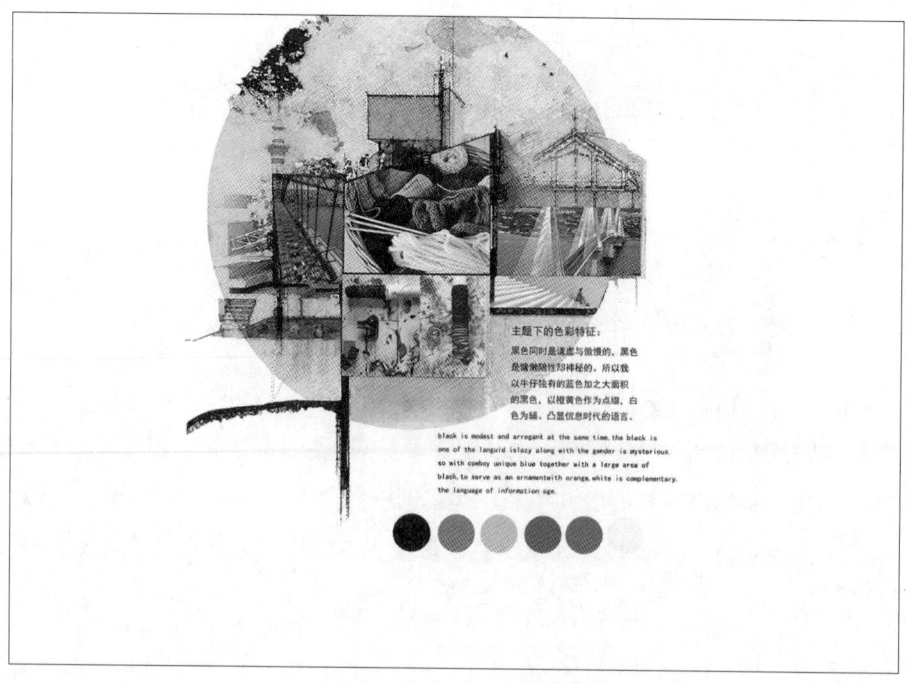

图4-13《阡陌》色彩提炼

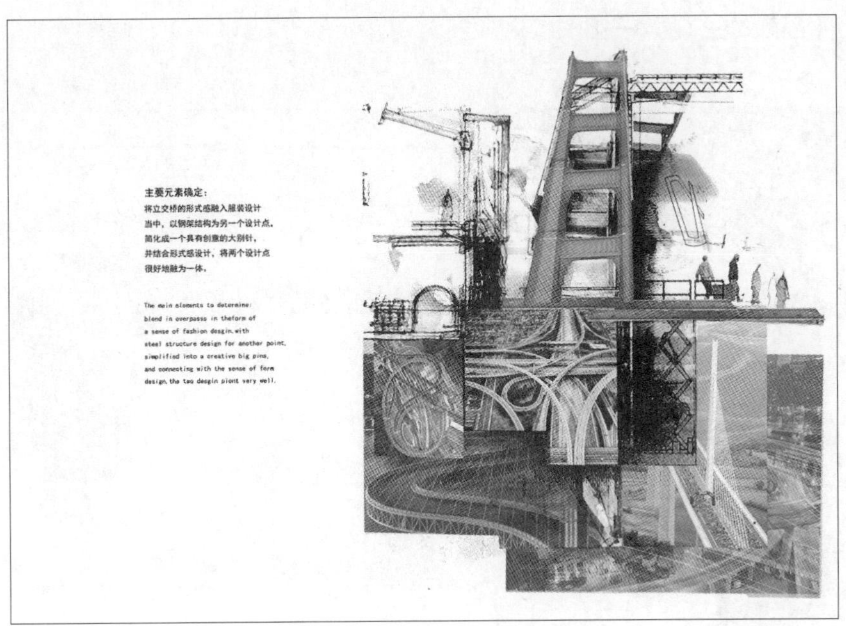

图4-14 《阡陌》主要元素

2. 系列设计效果图（图4-15）

图4-15 《阡陌》系列设计效果图

3. 平面款式图（图4-16）

图4-16 《阡陌》平面款式图

二 案例之《疾·速》

1. 设计主题、色彩提炼与主要元素（图4-17、图4-18）

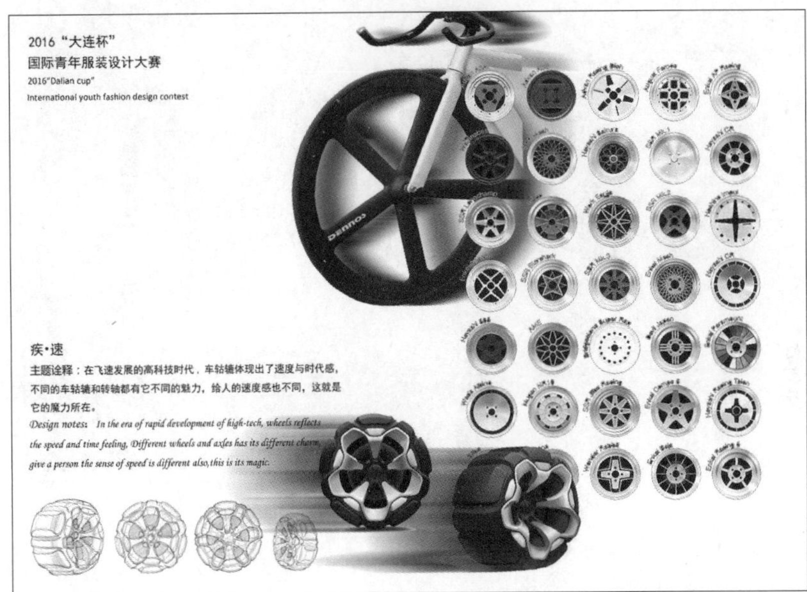

图4-17　设计主题《疾·速》

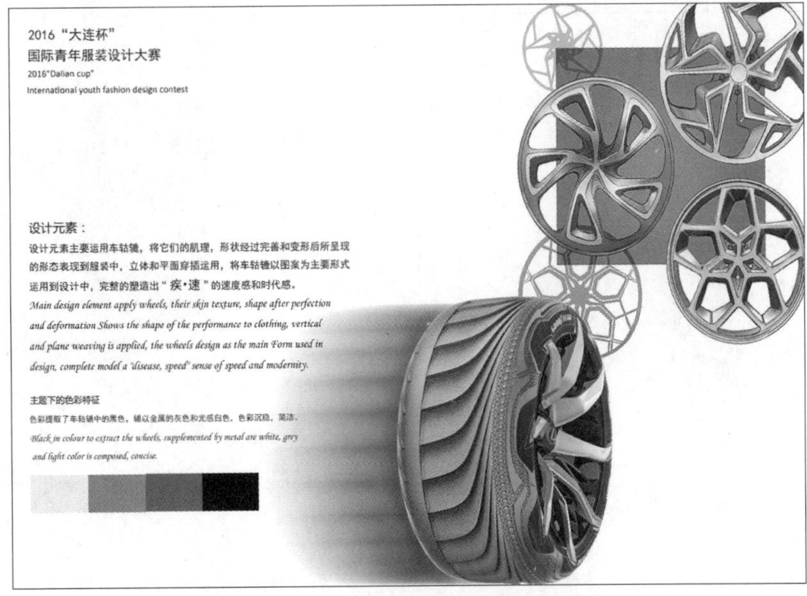

图4-18《疾·速》色彩提炼与主要元素

2. 系列设计效果图（图4-19）

图4-19 《疾·速》系列设计效果图

3. 平面款式图（图4-20）

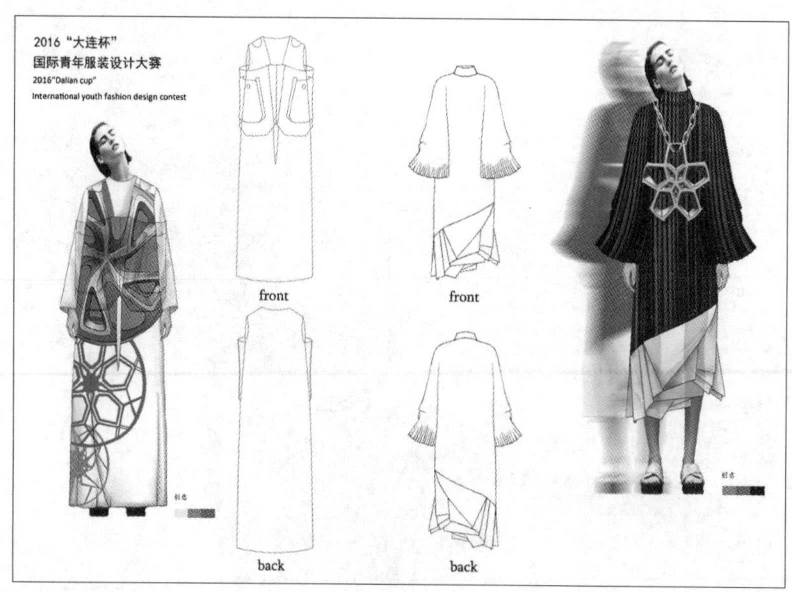

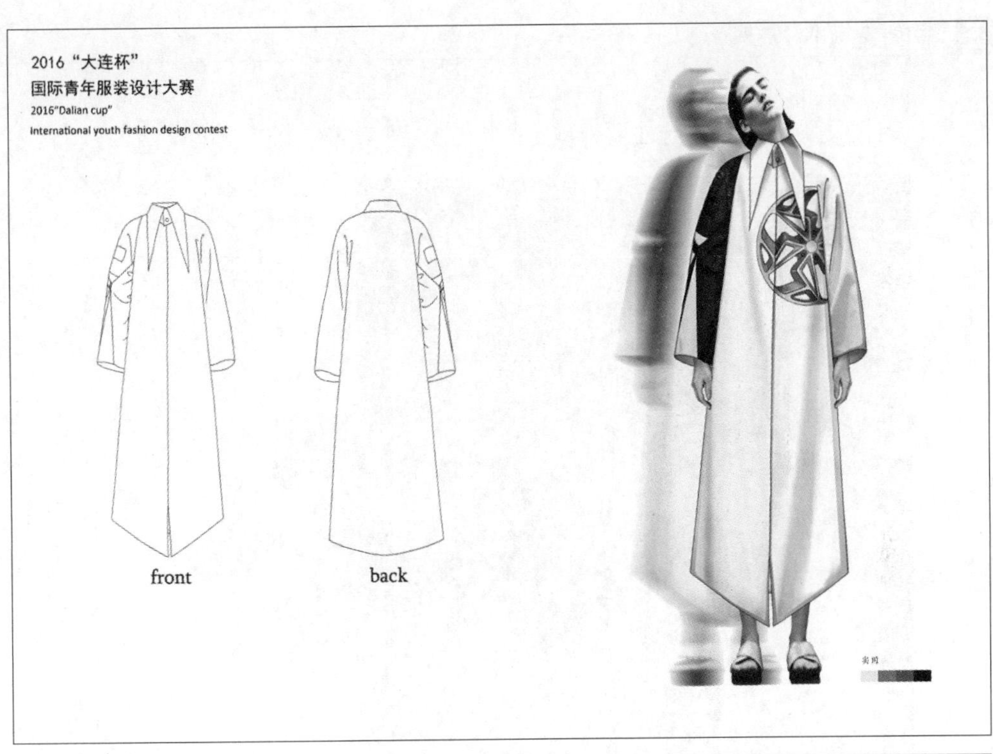

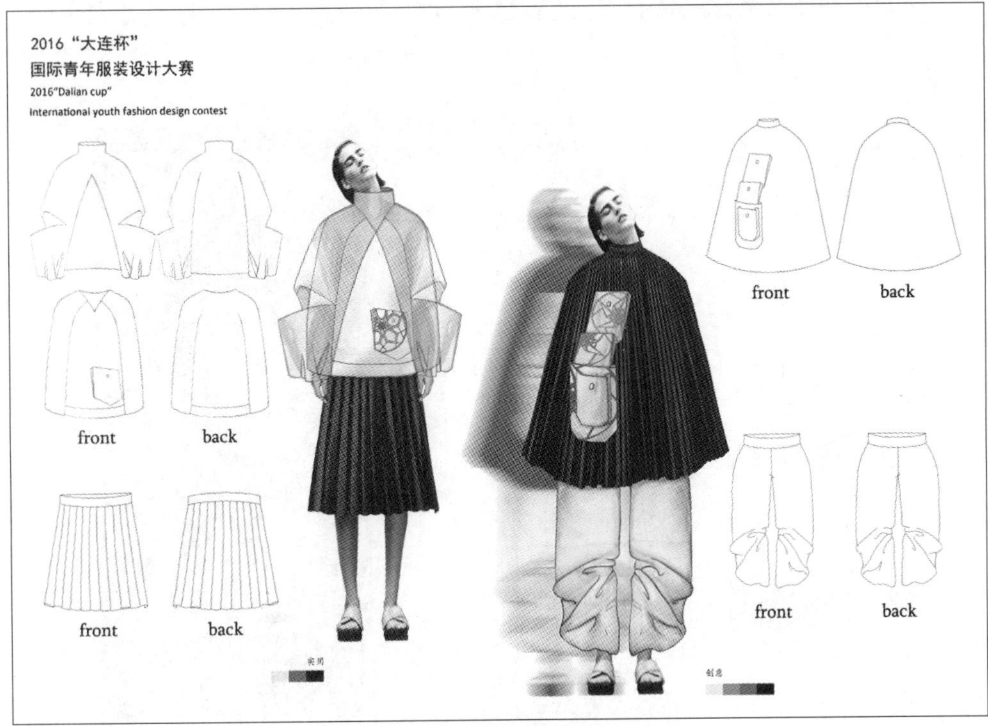

图4-20 《疾·速》平面款式图

三 案例之《N次方》

1. 设计主题、色彩提炼与主要元素（图4-21~图4-23）

图4-21　设计主题《N次方》

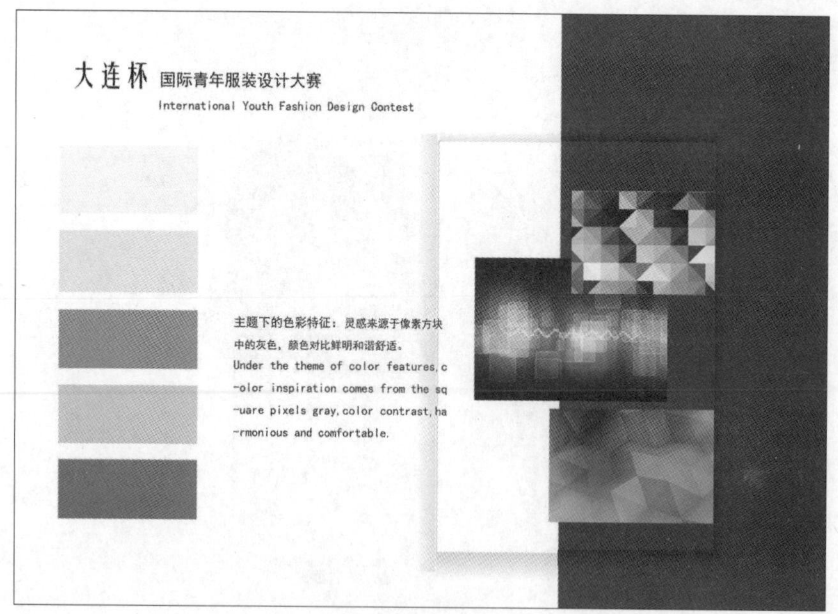

图4-22 《N次方》色彩提炼

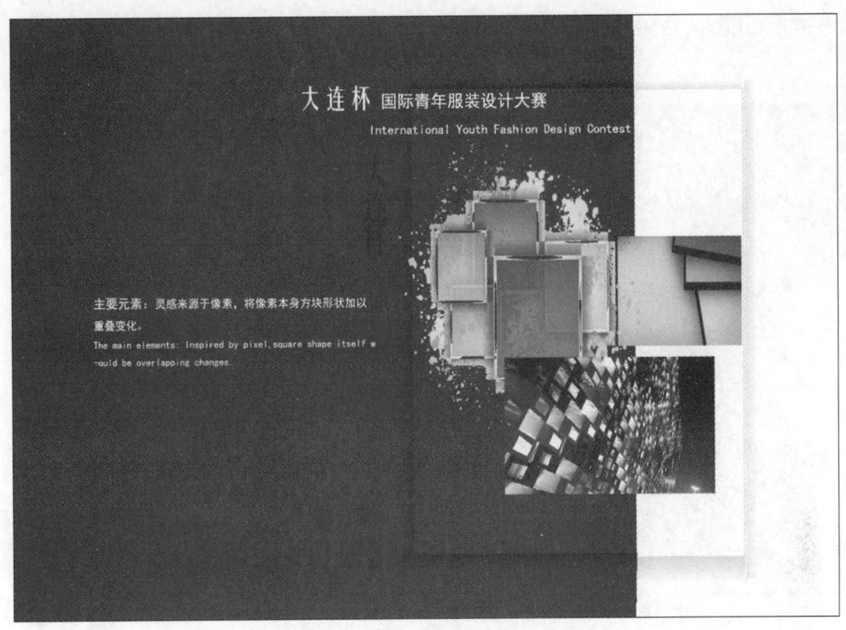

图4-23 《N次方》主要元素

2. 系列设计效果图（图4-24）

图4-24 《N次方》系列设计效果图

3. 平面款式图（图4-25）

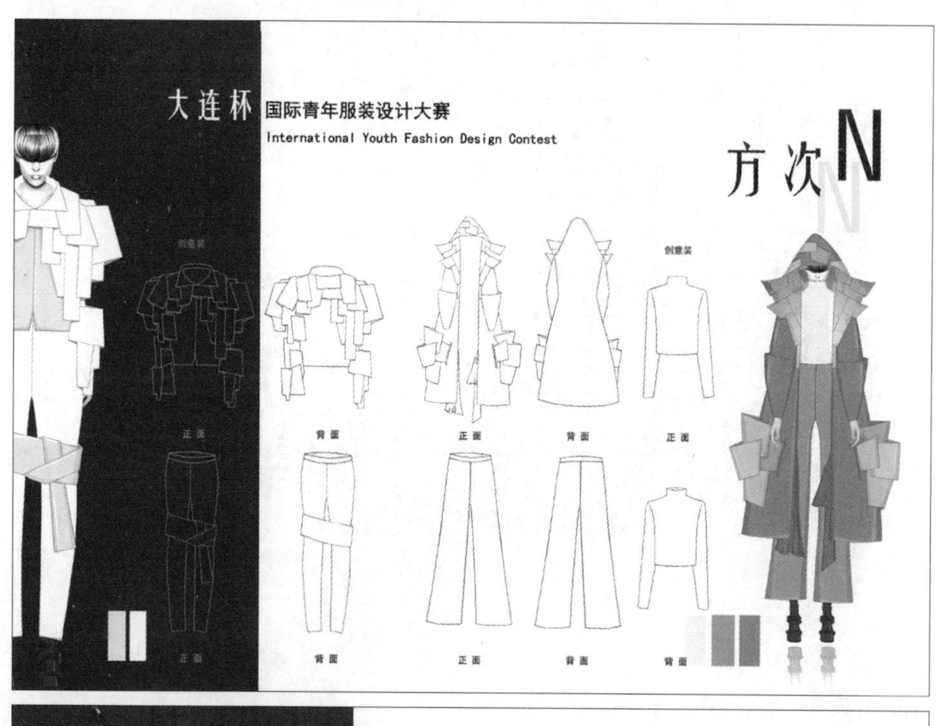

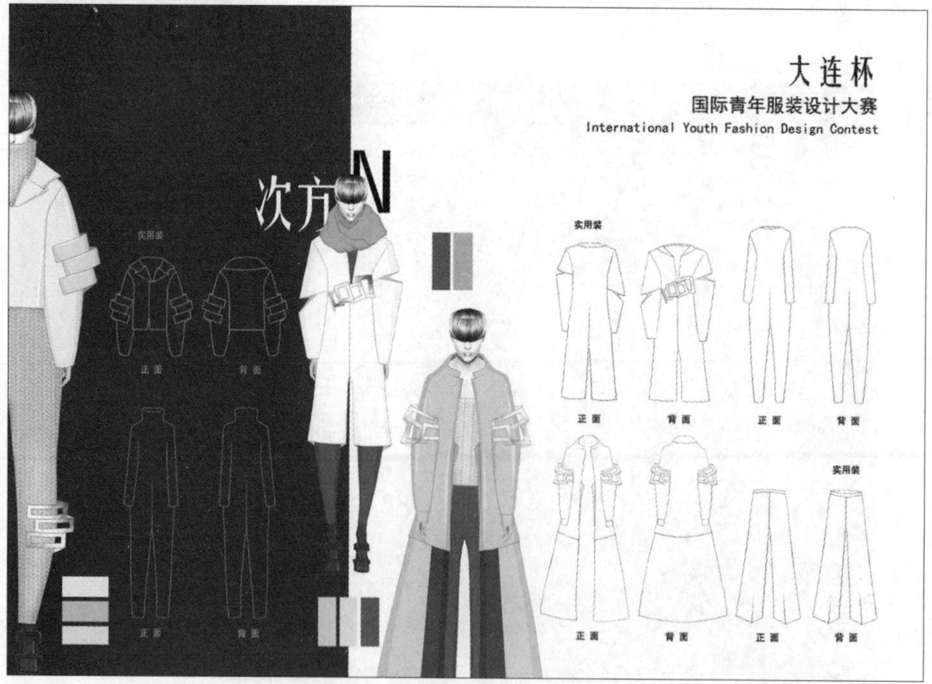

图4-25 《N次方》平面款式图

四 案例之《织绯梦》

1. 设计主题、色彩提炼与主要元素（图4-26、图4-27）

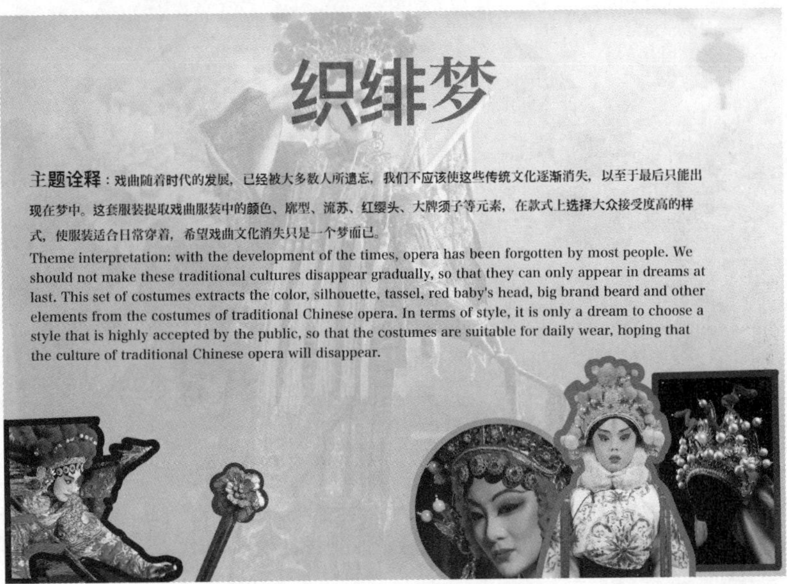

图4-26　设计主题《织绯梦》

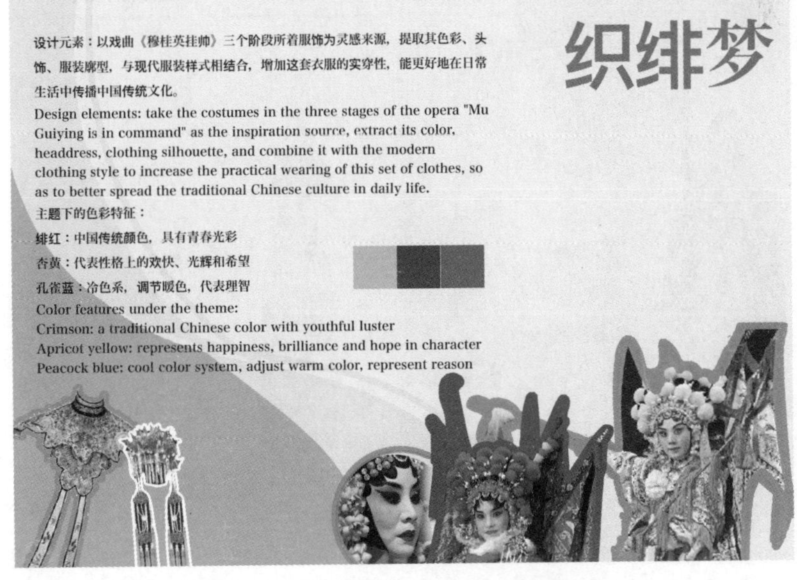

图4-27 《织绯梦》色彩提炼与主要元素

2. 系列设计效果图（图4-28）

图4-28 《织绯梦》系列设计效果图

3. 平面款式图（图4-29）

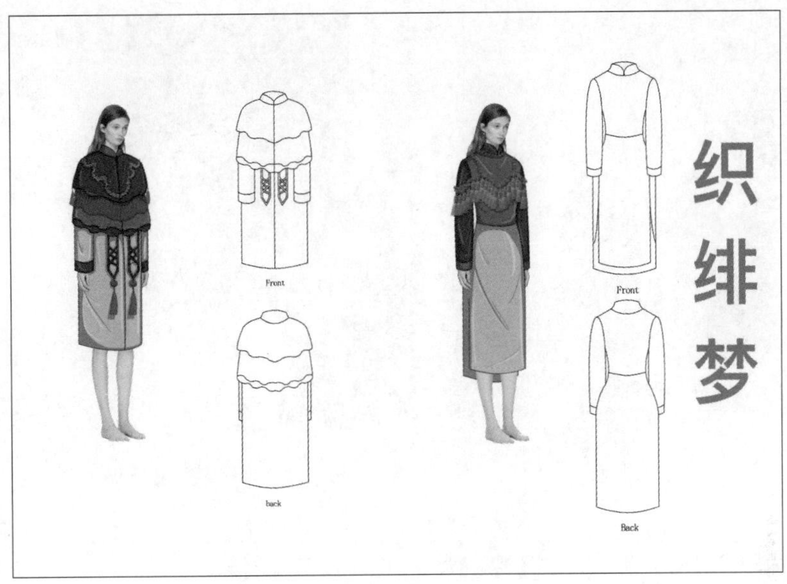

图4-29 《织绯梦》平面款式图

五 案例之《撩人惹情怜》

1. 设计主题、色彩提炼与主要元素（图4-30、图4-31）

图4-30 设计主题《撩人惹情怜》

图4-31 《撩人惹情怜》色彩提炼与主要元素

2. 系列设计效果图（图4-32）

图4-32 《撩人惹情怜》系列设计效果图

3. 平面款式图（图4-33）

图4-33 《撩人惹情怜》平面款式图

六 案例之《飞舞》

1. 设计主题、色彩提炼与主要元素（图4-34、图4-35）

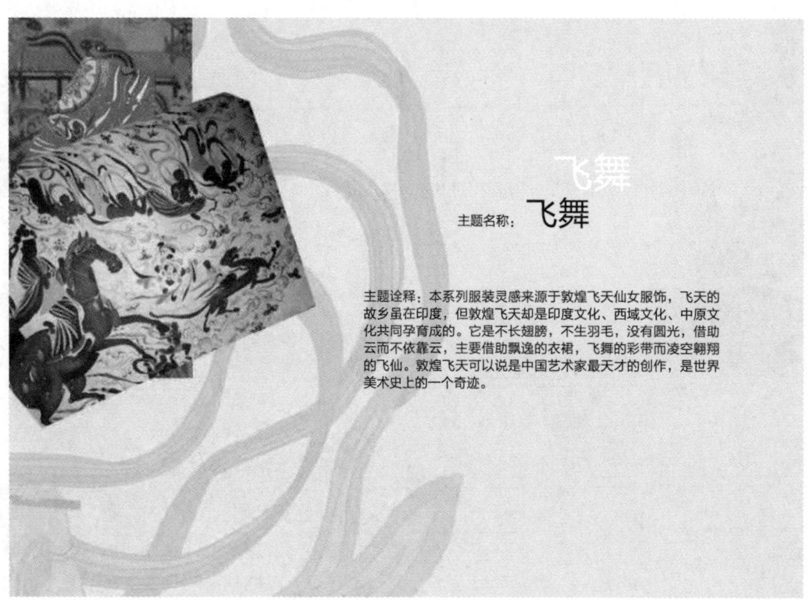

图4-34　设计主题《飞舞》

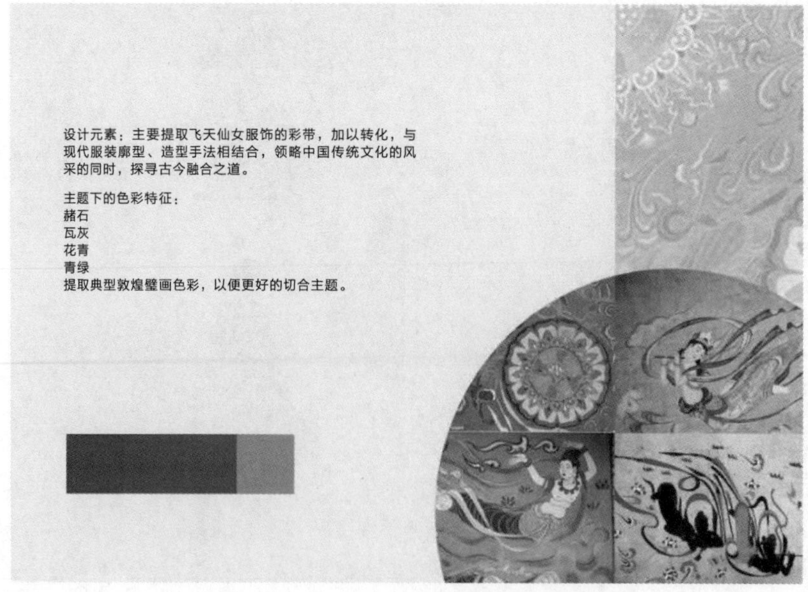

图4-35 《飞舞》色彩提炼与主要元素

2. 系列设计效果图（图4-36）

图4-36 《飞舞》系列设计效果图

3. 平面款式图（图4-37）

图4-37

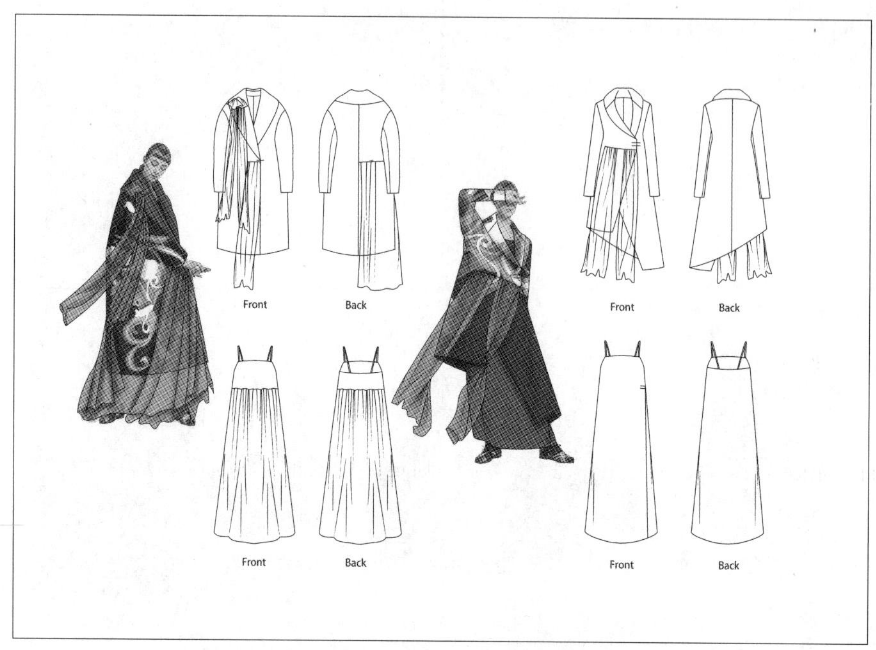

图4-37 《飞舞》平面款式图

思考练习题

目的：通过学习，使学生将系列设计达到较为专业的水平。

1. 每人确定一个方向（做什么题材？如历史、未来、工业等），在这个方向下收集、下载视觉冲击力强、自己感兴趣的图片资料，剪贴制作A3纸张的主题板（灵感板），同时考虑设计主题是什么、提炼什么、转化成什么，把这三个问题梳理好，以文字的形式写在主题板上，注意构图、字体的设计。

2. 设计草稿阶段：人模尽量自己画，要有个性。每人30款，与主题、灵感素材一致。

3. 电脑绘图阶段（系列设计方案拓展与变化配色）：从草稿中选择10款上色，进行色彩搭配、面料表达。A3纸张，横排版。

4. 款式图阶段（结构、工艺设计说明）：将系列设计款式图画出，注意比例、结构，工艺细节等问题的说明。A3纸张，横竖排版。

5. 设计感悟：总结这次设计练习的优缺点，帮助自己继续前行、提高、深入。

后记
POSTSCRIPT

《服饰绘：女装款式设计1288例》的编著历时三年之久，期间也出现了大量关于女装设计的相关著作，它们也各有千秋。本书则是详细展示了进行女装设计的设计思路与运用，并配有大量的运用实例及单品款式设计案例，无论是服装设计专业的学生，还是服装设计从业人员，都是一本极好的参考资料。本书文图丰富，增加了许多心得案例分析，全方面介绍了女装款式设计领域的知识。

编著期间，历尽艰辛，在学校评估、教学、科研工作极其繁重的情况下，完成此书。在此向内蒙古师范大学张金滨老师、长春工业大学兰天老师表示感谢，他们为此书提供了许多优质的案例，同时本书也得到许多同仁的关心与支持，并提出了不少中肯的意见，再次一并向他们表示衷心的感谢！

本书终于完稿，三年的努力终于有了结果，然而因学识有限，书中疏漏之处在所难免，敬请专家、读者指正。